质量素质提升系列

我用质量打天下

——企业领导质量培训教材

李正权　编著
中国质量俱乐部　组编

中国质检出版社
中国标准出版社

北京

图书在版编目(CIP)数据

我用质量打天下：质量强国大系之质量素质提升／李正权　编著；中国质量俱乐部组编. —北京：中国标准出版社，2014.11

企业领导质量培训教材

ISBN 978-7-5066-4058-3

Ⅰ.①我…　Ⅱ.①李…②中…　Ⅲ.①企业管理—质量管理—技术培训—教材　Ⅳ.①F273.2

中国版本图书馆 CIP 数据核字（2014）第 234647 号

内容提要

质量是企业的生命，质量管理是企业管理的纲。企业领导当然应当关注质量，应当领导质量管理，为此也就应当掌握一些质量和质量管理知识。本书一改现有质量培训教材的内容和形式，紧紧结合企业领导实际工作的需要，阐述了企业领导应当树立的质量理念、应当知道的质量管理知识、应当做的质量工作以及应当了解的质量管理方法。作者将自己30年来从事质量管理和质量理论研究的心得和体会融入书中，站在企业领导的角度来谈论质量和质量管理问题，内容新颖而适用，语言简洁而生动，能够给人耳目一新的感受。不管是企业老总，还是厂长经理，甚至是质量管理人员，肯定都能够从中大获教益。

中国质检出版社
中国标准出版社 出版发行

北京市朝阳区和平里西街甲 2 号（100029）
北京市西城区三里河北街 16 号（100045）

网址：www. spc. net. cn
总编室：（010）64275323　发行中心：（010）51780235
读者服务部：（010）68523946

中国标准出版社秦皇岛印刷厂印刷
各地新华书店经销

*

开本 700×1000　1/16　印张 10.75　字数 132 千字
2014 年 11 月第一版　2014 年 11 月第一次印刷

*

定价 35.00 元

我的感谢

（代序）

上海豹达动力科技有限公司总经理　梁　玮

再次提到质量，时间已经到了2014年的秋天，这一年我38岁。正好也是这一年，中国质量俱乐部即将迎来她7周岁的生日。越来越多的从业者开始关注质量，从我们的产品，政府反腐、食品安全，乃至教育、医疗、住房、社保这些面对企业、社会、家庭无处不在的质量，我们每天仍然在矛盾的质量中奔跑。我们面对的不仅仅是如何满足客户的需求和期望，更重要的还是复杂的关系和瞬时而变的人情世故。当年一起闯天下，一起畅谈质量的兄弟姐妹们，见面时总是感叹活得太累。

人到中年，一个"悟"字，浓缩了人生质量的每一页。12年前，和孙磊一起的那些质量青年们，满嘴豪言壮语，浑身战斗激情。然后生活并不像那样理想的，我们碰碰撞撞，战战兢兢，终于从一个质量工程师成长为一个质量信仰者，终于明白质量高处不胜寒，当然也更明白在企业无力挽狂澜的世事沧桑与那尴尬和无奈。如今，看到李正权老师的《我用质量打天下》书稿，那一段一段深刻而又简单的质量哲理，触动了我内心深处最温暖的那块阵地。李老师这些看似总结而又充实的文字，让我感受到不知不觉中已经学会的笑看质量繁华，淡定人生心态，学会感恩，无憾我心的做人做事原则，以及用质量的心所走过的那难忘的质量生活。

李老师是我国著名的质量管理专家，曾经长期在大型国有企业从事质量管理工作，后来又在广东、重庆、四川、贵州等多家民营企业、外资企业做过质量顾问。在与各种类型的厂长经理的交往中，既有类似于很多

厂长经理们的感叹，也有对企业领导质量教育的反思。十多年前，他就写过论文，对厂长经理在质量管理上应当学什么，应当做什么进行过探讨。他一直想撰写一本适合企业领导使用的质量培训教材，并为此做了一些准备工作。2013年11月，在中国质量俱乐部六周年庆典高端研讨会上，我们有缘相识。他把他的想法告诉我，我立即鼓动他尽快写出来。

从20世纪80年代开始，他就接连出版了《质量问题大剖析——对质量的社会学研究》《面向战略的质量文化建设》《质量心理学概要》等十多本专著(含与人合作)，在质量报刊上也可以经常看到他的论文。凭着他深厚的理论根基和丰富的实践经验，短短几个月时间，他就拿出这样一本书来，让人惊喜而又钦佩。我敢大胆地说，这本教材，在一定程度上颠覆了企业领导质量培训的常规，更加具有针对性，肯定能够得到厂长经理们的喜爱和欢迎。

本书分为理念篇、知识篇、工作篇、方法篇。其他不论，只说理念篇，李老师告诉我们，“质量就是赚钱”“质量由顾客说了算”“质量以诚信为根基”，要求厂长经理“把质量当作信仰”“承担起质量责任”。这些都不是从哪本书上抄来的，而是作者长期思考的结晶，换一个人是写不出来的。读者可能很难听到这样的说法，但又不能不信服这样的说法。打开本书，读上两段，读者还会感到李老师特殊的文字风格。他把本书当作一个座谈会，没有故作高深的摆谱，没有扳着面孔的灌输，更没有自作聪明的教训。他就像你的朋友，就像在和你谈心，轻言细语，娓娓道来，语句又相当简洁。那么多理论、知识和方法，只用了不到10万字就概括了。利用业余时间读一读，或者在旅途上翻一翻，不管是企业老总，还是经理，甚至是质量管理人员，肯定都能够从中大获教益。

作为一名企业领导，我真心感谢李老师。看他的书，让我把思绪回到中国质量俱乐部的成长历程，从2007年中国质量俱乐部的诞生，就开始用这个再朴素不过的名字汇聚质量专业人员一同来阐述质量，宣导质量，把俱乐部的质量作为一项重要的事来做。当孙磊博士邀请我为李老师新书写段序时，我胆颤心惊地把书稿看完。因为，我更愿意说，把人品做好更是一个人质量塑造的重要条件。质量是你的长度和宽度,你的人品更是梳理长度与宽度的前提条件。好的质量人不是指长袖善舞、八面玲珑,而是一定要学会承担责任,不去做有害他人和组织的事情。这也许就是我崇拜的正能量吧。

质量打天下,我愿意与大家一起。

再次感谢李老师,感谢孙磊博士,感谢和大家在质量俱乐部的日子。

梁　玮

于 2014 年秋天

目 录 CONTENTS

开场白 …… 1

理 念 篇

1　质量就是赚钱 …… 5

1.1　质量是什么? …… 5

1.2　质量是一个经济问题 …… 6

1.3　用质量去赚钱 …… 8

1.4　质量是一个战略问题 …… 9

2　质量由顾客说了算 …… 11

2.1　顾客需要的不是产品 …… 11

2.2　顾客心目中的质量 …… 12

2.3　以顾客为关注焦点 …… 13

2.4　把握顾客的需求和期望 …… 14

3　以诚信为根基 …… 16

3.1　质量的风险特征 …… 16

3.2　用诚信降低质量风险 …… 17

3.3　企业的质量保证 …… 19

3.4　企业的质量信誉 …… 20

4 把质量当做信仰 …… 22
4.1 质量赚钱有前提 …… 22
4.2 把质量当做信仰 …… 23
4.3 增强质量意识 …… 24
4.4 坚持“质量第一” …… 25
4.5 质量第一与安全第一 …… 27

5 承担起质量责任 …… 29
5.1 责任和责任心 …… 29
5.2 企业的社会责任 …… 30
5.3 质量责任的约束力 …… 32
5.4 把压力变为动力 …… 33

小结:质量打天下 …… 36

知 识 篇

6 质量法律知识 …… 39
6.1 质量的法律性质 …… 39
6.2 最基本的质量法律知识 …… 40

7 质量成本知识 …… 50
7.1 质量经济分析 …… 50
7.2 最佳质量水平 …… 51
7.3 质量成本知识 …… 53
7.4 预防的经济效用 …… 54

8 **TQM 的指导思想** …… 57
8.1 全面质量管理 …… 57
8.2 系统思想 …… 59
8.3 预防思想 …… 60
8.4 法治思想 …… 62

9 **质量管理体系基本知识** …… 64
9.1 ISO 9000 的来龙去脉 …… 64
9.2 ISO 9000 怎样提出问题 …… 65
9.3 质量管理体系是什么东西 …… 67
9.4 如何使用 ISO 9000 …… 69

10 **认证、审核和评审知识** …… 72
10.1 认证审核 …… 72
10.2 内部审核 …… 74
10.3 管理评审 …… 76

小结：建立质量知识框架 …… 79

工 作 篇

11 **把握质量方向** …… 83
11.1 制定质量战略 …… 83
11.2 制定质量方针 …… 86
11.3 制定质量目标 …… 87

12 **分配质量职能** …… 90
12.1 做好自己的工作 …… 90

12.2 选好管理者代表 …… 92
12.3 落实质量职责 …… 93

13 **掌控资源供给** …… 96
13.1 掌控人力资源 …… 96
13.2 掌控财务资源 …… 98

14 **创造良好环境** …… 100
14.1 培育良好的质量风气 …… 100
14.2 吸引全员参与 …… 101
14.3 加强内部沟通 …… 104

15 **促进持续改进** …… 107
15.1 监视和监督 …… 107
15.2 控制不合格 …… 108
15.3 创造持续改进的环境条件 …… 110

小结:引导和监督 …… 113

方 法 篇

16 **质量管理体系方法** …… 117
16.1 质量管理体系方法 …… 117
16.2 质量管理体系方法的普适性 …… 120

17 **过程方法** …… 123
17.1 首先要理解过程 …… 123
17.2 过程方法 …… 124

17.3 过程方法的运用 …… 125

18 PDCA 循环方法 …… 129
18.1 PDCA 循环的四个阶段、八个步骤 …… 129
18.2 PDCA 循环的特点 …… 132

19 TOC 方法 …… 135
19.1 TOC 的基本理论 …… 135
19.2 TOC 思维方法 …… 136
19.3 TOC 方法的五个步骤 …… 137
19.4 TOC 方法的运用 …… 138

20 价值工程法 …… 140
20.1 质量过剩与质量不足 …… 140
20.2 价值、功能与成本 …… 141
20.3 价值工程的特点 …… 144
20.4 价值工程法的七个步骤 …… 147
20.5 如何运用价值工程法 …… 150
20.6 价值工程的质量风险 …… 150

小结:延伸自己的大脑 …… 153

参考文献 …… 155
后　　记 …… 157

开场白

在汉语中，“领导”既可以是名词，指领导者；又可以是动词，指领导行为。在企业中，所有可以行使“领导行为”的人员都可以称为“领导”，但一般特指那些经过正式授权、具有正式领导权的人员。按 ISO 9000 中的术语，管理者，特别是最高管理者就是领导。所谓最高管理者，就是“在最高层指挥和控制组织的一个人或一组人”。对大多数企业来说，最高管理者就是厂长、经理。厂长、经理是企业的法人代表，按照法律规定，应当对其产品质量承担责任。在 ISO 9000 中，最高管理者的作用几乎体现在所有的条款中，其“领导作用、承诺和积极参与，对建立并保持有效和高效的质量管理体系使相关方获益是必不可少的”。因此，可以说，厂长、经理不仅是企业产品质量的第一责任人，也是企业质量管理的第一责任人。

但是，实际上，相当多的厂长、经理却不“管”质量，往往把质量管理的事全部推给质量部，推给所谓的管理者代表。因为不“管”质量，所以也就不懂质量，不懂质量管理。虽然也有各种各样的学习班、培训班、短训班之类，但厂长、经理去参加的极少。虽然也有各种各样的教材、书籍，甚至在网上都可以搜索到免费版，但主动去看、去学的厂长、经理也不多。不管是培训还是教材，其内容往往又与厂长、经理们的日常工作（包括与质量相关的工作）联系不多。不是“空对空”，与厂长、经理们的实际工作不沾边；就是太具体，把应当由质量管理人员掌握的一些知识和方法硬灌给厂长、经理。一上课就是什么 ISO 9000、六西格玛之类，一打开书就是直方图、控制图之类，厂长、经理们哪有那个兴趣？哪有那个耐心？即使

把质量管理十八般武艺都掌握了，对厂长、经理们的工作往往也难以有直接的帮助，对企业质量管理的作用往往也微乎其微。

我国引进推行全面质量管理已经30多年，企业（包括国有企业和民营企业）的领导已经换了几代人，但至今适合他们阅读的质量管理教材并不多。我们用这本小册子，请各位企业领导来参加这个“质量一根筋”座谈会，或许能够多少弥补一点遗憾吧。

好，闲话少说，书归正传。

理念篇

在企业里，领导与员工是不同的。领导是指挥官，员工是执行者。要指挥，就要找准方向，就要有主意，这就需要思想。

所谓思想，就是一系列的信息输入人的大脑后，经历的一个包括采集、整理、汇总、分析、判断等细节，得出一个成型结论的复杂过程，形成的一种可以用来指导人的行为的意识。

巴尔扎克说过，一个能思想的人，才是一个力量无边的人。

思想的结果就是理念。

作为领导，要用质量打天下，首先要解决的就是质量理念问题。对质量不进行认真的思想，没有形成相应的理念，即使认准质量这个理了，即使是“质量一根筋”了，即使掌握了再多的质量管理知识，往往也是没有用的。

因此，我们先要说说有关质量的理念。

1 质量就是赚钱

1.1 质量是什么?

企业是生产产品的组织。不管是什么产品,硬件也好、软件也好、服务也好、流程性材料也好,都有一个质量问题。

质量是什么?

美国纽约市郊一家食品专卖点门前曾经悬挂过这样一幅招贴广告:"Quality is the most important production(本店最重要的产品是质量)。"

质量真的能够出售么?谁见过质量?质量是什么东西?

我们知道,质量不是一种东西、不是产品本身,而是产品的一种属性、是产品与要求有关的固有特性。这样的属性,这样的特性,不是产品的零件或部件,也不是产品的一部分,更不是产品的包装和品牌,而是包含在产品之中的,与产品须臾不可分离的,与产品"血肉相连"的,成为产品自身的一种性质,甚至就是产品的一种本质。

质量与大小、多少、上下、高低、好坏一样,是一个表示程度的词,表示的是产品的优劣程度。

只要是产品,就有相应的质量,不同的产品只是质量优劣不同而已。即使是废品,也有一定的质量,只是那质量是一个负值而已。

正如没有参照物,就说不清大小、多少、上下、高低、好坏一样,要区分质量的优劣,就要有一定的参照系。

所谓参照系,就是评价质量优劣的标准。

不同的人或者同样一个人在不同的场合,用来评价质量优劣的参照

系是不同的，甚至出发点也是不同的。有人说，质量就是耐穿耐用；有人说，质量就是没有问题；有人说，质量就是不出故障；有人说，质量就是名牌；也有人说，不同的产品有不同的质量要求，质量是一个说不清楚的定义。

一个多世纪以来，世界上已经有不少质量专家给质量下过定义。有人把质量看做是一个技术问题，因而给出了不同产品的质量标准；有人把质量认定为是符合技术标准，因而提出了符合性的质量定义（也就是合格）；有人把质量看做是适合使用，因而提出了适用性的质量定义；也有人把质量看做是顾客满意，因而提出了顾客满意的质量定义。ISO 9000综合了这些定义后，给出了这样的质量定义："一组固有特性满足要求的程度"，而"要求"是"明示的、通常隐含的或必须履行的需求或期望"。这些定义虽然都有其道理，也都有其相应的适用范畴，但并不适用于企业领导。而且，这些定义有的太简单，有的太复杂，有的莫名其妙，有的甚至还佶屈聱牙。

那么，对于企业领导来说，又该用什么来作为评价质量优劣的参照系呢？

1.2 质量是一个经济问题

不错，技术可能是评价质量的一个参照系。产品中包含的技术（包括管理技术）多一些、先进一些，质量肯定就好一些。功能多的产品总比功能少的质量好；寿命长的产品总比寿命短的好。因此，一些人（包括一些企业领导），总要把质量看做是一个技术问题，一说到质量就是一大堆具体的性能指标，或者就是一大堆相关标准。

技术人员这样来说质量，情有可原，甚至也相当正确。但是，作为企业领导，如果把质量仅仅当做一个技术问题，就技术说技术，就质量说质量，就会让企业失去方向，那就大错特错了。

作为企业领导，特别是像厂长、经理这样的最高管理者，首要的目标是利润，是赚钱。企业领导评价质量优劣的参照系，也必须是利润，是赚钱。

在企业领导眼中,质量可以归结为一个经济问题。

古时候,没有“质量”这个词,但有“质”字。繁体的“质”字写作“質”,上面是两个“斤”,下面是一个“貝”。“斤”和“貝”都是古代的钱币,“質”也就和价值相关。

在英语中,quality 也含有价值的意思。

事实上,所谓质量,其本义就是有价值。

没有质量也就是没有价值。没有质量的产品就是没有价值的产品。这样的产品,顾客不会买,企业当然也不会生产。

企业的生产经营是为了赚钱。不管是针对产品质量还是针对质量管理,企业所做的工作、所支付的成本都是生产经营的一部分,当然也是为了赚钱。对企业来说,特别是对企业领导来说,质量就是赚钱。不赚钱,产品质量再好,质量管理再先进也没有意义。站在企业角度来说,不赚钱的质量不是质量,或者说没有质量。

质量就是有价值。所谓有价值,就是除去成本后还有一定的效益。用公式来表示就是:

$$Q = S - C$$

对企业来说,式中的 Q 就是利润,由于是质量提供的,我们称之为质量效益;S 是企业从销售产品中获得的全部收益;C 是企业生产销售产品所支付的全部费用,包括交给政府的税费等。

显然,要让 Q 最大,有两种方法:一是让 S 最大;二是让 C 最小。

S 是企业的销售收入。销售收入 = 单价 × 销售量。不管是要提高单价还是要扩大销售量,都必须得到顾客认可,必须让顾客愿意购买。顾客不是傻瓜,他为何要多花钱来买你的产品呢?除非你的产品比别人的产品能够为他提供更多的效益,也就是让顾客能够获得更多的 Q,他才愿意。而这个 Q 是质量提供的,是质量效益。因此,要让 S 最大,你的产品必须要有更好的质量。

C 是企业的成本。要让 C 最小,就要让消耗更少,特别是要减少废

品、次品、返工、返修、赔偿等质量损失,这就必须改进企业管理、改进过程质量。

不管是提高产品质量还是改进企业管理、改进过程质量,都是没有止境的。因此,始终存在着提高 S、降低 C 的机会,也就始终存在着把 Q 做得更大的机会,或者说始终存在着赚更多钱的机会。

1.3 用质量去赚钱

马上就有领导要问了,假冒伪劣产品不是也可以赚钱吗?

经济学有个定律:在一次性的市场中,如果大家都诚信,你不诚信,你可能获利更多。

但是,这个定律必须有一个前提条件,那就是这个一次性的市场缺乏监管,交易后买卖双方各走各,再不见面,受损方无力回天。中国这样大,即使到了现在,这样的条件虽然苛刻,但不能说就完全没有。这正是假冒伪劣泛滥的一个原因。如果你要这样去赚钱,我们除了表示反对,可能没有办法阻拦你。不过,随着质量法制的日益健全,想通过假冒伪劣来赚钱的空间已经越来越狭小,况且万一翻船,很可能身败名裂。

上述定律还有一半:如果大家都不诚信,你讲诚信,你可能获利更多。

也就是说,即使在假冒伪劣泛滥的时候,如果你能坚持诚信,你依然可以获得更多的利益。

如果我们把质量看做是诚信的一个最重要的内容,或者干脆把诚信换成质量,上述定律同样成立。也就是说,如果假冒伪劣泛滥,如果低劣产品横行,你的产品质量好,你用质量打天下,你就肯定成功了,质量一定能够为你大大地赚钱!

企业要赚钱,当然还有其他种种方法,例如资本运作之类,但最基本的还是离不开生产、离不开产品、离不开质量。特别是制造业和一般服务业,如果不把产品这个根基做好,资本运作之类都只能是神马浮云。某次投机可能赚了钱,但说不定股市平白无故吹起一股台风,就可能把你的赚钱梦吹到爪哇国去了。

只有坚持用质量去赚钱，钱才来得可靠，才来得真实，才来得长久。

1.4 质量是一个战略问题

不可否认，质量和赚钱有时并不一定就能画等号。

质量与利润之间存在着一个时间差。先有质量，后才有利润；质量在前，利润在后。这样的时间差，往往不是一天半日，有的甚至需要相当长一段时间。如果只看到眼前，质量和利润很可能没有联系，甚至因为在质量上花了钱，反而牺牲了利润，不仅没有赚钱，反而造成亏损。

正是因为质量与利润之间存在的这个时间差，质量就成为企业的战略问题。

战略本来是一个军事术语，是指导战争的全面计划和策略，人们用来比喻决定全局的策略。20 世纪 60 年代，美国的 H. 1. 安索夫的《组织战略论》一书出版后，将经营战略引入了组织管理之中，如今已成为企业管理应当首先解决的问题。在美国哈佛商学院（HBS）的 MBA 教学内容中，经营战略管理被列在最前面，可见其重要意义。

经营战略要求企业着眼长远，从适应企业内外环境出发，做出总括性的发展规划。经营战略要在符合和保证实现企业使命的条件下，在充分利用环境中存在的各种机会和创造新机会的基础上，确定企业同环境的关系，规定企业从事的事业范围、成长方向和竞争对策，合理地调整企业结构和分配企业的全部资源。经营战略具有全面性、长远性、抗争性、纲领性、相对稳定性等特性。

不论是在战争中还是在市场竞争中，无数的事例说明，战略决策一旦失误，就可能导致一系列重大失败，甚至导致“满盘皆输”。战略决策正确，战略管理得当，即使遭遇一系列挫折和磨难，也能转败为胜，“笑到最后”。不论是政治家、军事家还是企业家，都不能漠视战略问题。

恰恰是在经营战略上，大多数中国企业是相当忽视的，真正制定了经营战略，并对其进行了管理控制的企业不多，相当多的企业领导甚至没有

考虑过经营战略问题。

质量是企业经营战略的核心内容。进入 21 世纪后,国际、国内市场都发生了深刻的,甚至是带有转折性的巨大变化,质量的重要性空前突出,质量的价值已成为世界经济的首选目标。全球化和知识经济作为两个巨大的杠杆,把质量抬升到前所未有的高度。过去,如果说质量还仅仅只是企业经营中的一个战术问题(有人甚至认为只是一个技术问题),那么,如今的质量已经成为一个战略问题。在考虑企业的经营战略时,不考虑质量是难以想象的。

企业的经营战略除了体制创新之外,最重要的是技术创新、产品创新、管理创新。而技术创新、产品创新、管理创新的目的都是为了提高产品质量,从而更好地满足顾客的需求和期望,提高顾客的满意度。质量应当成为企业经营战略的核心内容,成为经营战略的"中心",成为经营战略的"纲"。甚至可以说,企业的经营战略就是质量战略。

只有把质量当作战略问题来看待,从大局出发、从长远出发,才可能看到质量对赚钱的意义,才可能坚持把质量作为赚钱的首要手段。

2 质量由顾客说了算

2.1 顾客需要的不是产品

企业要赚钱,钱来自何处?当然只能来自于顾客。

钱在顾客包包里,你不能去抢,也不能硬要,你只能用你的产品去交换,而且还要让顾客心甘情愿自己掏钱出来买你的产品。

那么,顾客为什么会心甘情愿和你交换?因为你的产品是他需要的,你的产品可以为他带来效益。

其实,顾客需要的不是产品,而是产品提供的劳务。按质量管理大师朱兰博士的说法,“这种劳务涉及范围广泛的人生需要,诸如营养、房屋交通、身份等。在很大程度上,为了提供这些劳务,产品才是重要的或是有用的。”

事实上,这些劳务(至少是其中的一部分)也可以由顾客自己提供给自己,或者说,可以由顾客通过自己的劳动或活动来满足这些劳务的需要。例如交通,没有汽车可以步行,在相当多的情况下步行也同样可以到达目的地。

那么,顾客为什么又要购买产品呢?这是因为,产品给顾客提供的劳务要比顾客自己通过劳动或活动来满足这些劳务划算得多。从重庆到北京,如果步行大概要走一两个月吧?如果我们这一两个月里去打工,得到的工资肯定比买一张火车票的钱多得多吧?因此,人们一般不会步行到北京(有人要步行旅游那是另外一回事,且不论)。

什么叫划算?所谓划算,就是购买产品和使用产品所支付的费用小

于产品提供的劳务的价值。也就是说，只有购买和使用产品所支付的费用小于获得的价值，顾客才会购买，才会使用。用公式来表示就是：

$$Q = S - C$$

这个公式与上一章的公式是一样的，不过式中的 S 是顾客使用产品所获得的全部劳务收益，包括心理上的满足感；C 是顾客使用产品所支付的购买费用、使用费用以及其他损失费用，包括心理上的失落感；Q 则是顾客所获得的效益，是多出的一部分。这一部分是质量提供的，我们也称之为质量效益。

2.2 顾客心目中的质量

企业要用质量去赚钱，但质量并不是企业说了算的。企业认为质量好，顾客可能并不认同；即使企业把产品的质量特性值都弄得很高很高，性能很多，寿命很长，安全性、可靠性、可维护性、创新性等都很好，甚至售后服务也很到位，但顾客却并不一定要买你的产品，甚至并不一定就认为你的产品质量就好。

产品质量究竟如何，最后还得由顾客说了算。

一般来说，顾客总是从价值的角度或经济的角度去理解质量的。能够给自己提供价值的产品，能够给自己带来效益的产品，才是质量优异的产品；反之，不能带来价值和效益，或者带来的价值和效益不能达到自己预期的程度，其质量肯定不好。

也就是说，如果企业提供给顾客的产品不能让顾客感觉到划算，或者在同样能够满足顾客需要的同类产品中不如别的产品划算，顾客就不会购买我们的产品。

显然，顾客需要的也不是或者也不仅仅是那些功能、寿命、安全性、可靠性之类。产品的技术指标再高，所有的质量特性再好，如果不能给顾客提供所需要的劳务，或者提供的劳务让他感到不划算，顾客也会不买账。

从这个角度看，质量就是给顾客提供效益，让顾客感到划算。质量问题依然是一个经济问题。

这就有了一个问题:企业要靠质量来赚钱,顾客也要靠质量来获得效益,甚至政府和社会也要从中来分一杯羹,那质量究竟是个什么东西?质量又从哪儿变出这么多的钱和效益之类来呢?

企业生产产品,需要有掌握一定技能的员工,需要有相应的机器设备、工艺技术,还需要有相应的管理,这些都可以划入生产力范畴。生产力的质量往往决定了产品质量;而生产力的质量又是由生产力中所包含的科学技术来决定的。一般来说,企业生产中使用的科学技术总是大于顾客自己"生产"时使用的科学技术,因而企业提供的产品,其质量也就更高,顾客也才能感到划算。从这个角度看,质量效益实际上是由科学技术提供的。

一个企业在生产过程中使用的科学技术(包括管理技术)越多、越先进,其产品质量也就越高,也就越能够给企业自身和顾客带来更多的质量效益。

但是,如果科学技术不与顾客的需要相结合,如果单纯强调产品包含的科学技术,也是没有意义的。有几个顾客愿意掏钱来买科学技术去吃、去穿、去用?

2.3 以顾客为关注焦点

企业生产的产品不是企业自己用的,而是销售给顾客,由顾客来使用的。即使企业是为企业员工生产的产品,产品给员工无偿使用,使用产品的人也是顾客。可以说,没有顾客,也就没有企业。

正因为如此,ISO 9000 提出的质量管理八大原则,第一条就是"以顾客为关注焦点"。所谓关注,一是"关",二是"注"。"关"就是牵连、涉及,也就是关心。"注"就是灌入、集中,也就是注意。关注就是关心重视,这就需要企业采取必要的行动。企业要关心重视的对象(事物)很多,而顾客则是企业关注的焦点,是企业全部活动围绕的中心。所谓焦点,就是"焦"之"点",就像放大镜能够把太阳光聚成一个焦点一样,顾客是企业关注的集中点,是企业关注的主要部分,在企业关注的对象(事

物)中顾客占着最重要的地位。

标准说:“组织依存于顾客。因此,组织应当理解顾客当前和未来的需求,满足顾客要求并力争超越顾客期望。”

显然,如何理解顾客的需求和期望就成为贯彻这一原则的前提。

在市场经济条件下,顾客的需求和期望体现在两个方面:一是购买和使用产品的需求得到充分满足,使自己的人生需要(也就是朱兰博士所说的劳务)在原有基础上能够得到进一步满足;二是购买和使用产品所支付的代价,包括购买原价和使用费用,以及其他因此而产生的损失(例如对环境的污染、对身心的负面影响等),与需求所得到的满足相抵消后,是否有剩余、是否划算。

顾客需求和期望这两个方面的要求,都要靠产品质量来实现。要使顾客的人生需要在原有基础上得到进一步满足,企业提供的产品就要比顾客自己拥有或别人提供的产品质量更好;要使顾客感到更划算,也需要企业提供的产品中所包含的科学技术更多、更先进,也就是质量更好。因此,顾客的需求和期望,实际上就集中到质量上来了。也就是说,顾客对企业、对产品的需求和期望,实际上就是对质量的需求和期望。

2.4 把握顾客的需求和期望

需求和需要是两个不同的概念。需要是人们在生活中感到某种欠缺而力求获得满足的一种内心状态。需求是需要的反映,是需要和实际购买能力相结合的产物。由于需求受实际购买能力限制,是受限制的需要,已经属于经济学的范畴。举例来说,人类都有品尝美味佳肴的需要,但只有在具备一定的主客观条件下(主观条件就是要有购买能力,客观条件就是要有某种美食生产和出售),这种需要才能转化为需求。

人的需要是多种多样的。从基本生活需要、安全需要、归属与爱的需要、尊重需要和自我实现的需要都可以引出各种各样的具体需要,由这些具体需要转化而来的需求就更是种类繁多,千变万化,数不胜数。需要一旦形成就较为稳定,而需求却呈现出明显的、剧烈的动态变化。如果把需求落实到具体的产品上，落实到某一种型号或某一厂家生产的牌号上，这种变化就更加明显更加剧烈。

特别是消费品，在给顾客提供的劳务中，有相当大一部分是满足顾客心理需要的，顾客从中获得的劳务收益有相当大一部分是心理方面的收益（特别是身份方面的心理收益）。为此，社会心理和其他非理性因素对顾客需求的影响也就更大，变化也就更加厉害。上个月畅销的产品，这个月就可能滞销，下个月就可能削价处理。

市场的变化，实际上是社会需求变化的一种反映。企业如果看不到或不重视社会需求的这种变化，就只能在市场竞争中失败。

事实上，ISO 9000 就是从顾客的需求和期望出发，层层展开的。质量管理体系的输入端与输出端都是顾客，输入端是顾客的需求，输出端是顾客的满意。从识别顾客的需求和期望，到监视和测量顾客的满意状况，标准都进行了详细的规定。

企业领导是做什么的？应当说，最主要的工作就是把握市场动态，也就是把握顾客的需求和期望。把握得好，产品就适销对路；把握得不好，质量再好，产品也无人问津。

所谓把握，并不是说一定要亲自去进行市场调研，而是对专业人员通过调研得来的信息或结论进行分析判断。这当然有些“考”脑壳了，但作为企业领导，还必须分析到位，判断得准，预期有效。否则，在质量这张考卷前你就不合格了！

企业领导理解的质量是赚钱，顾客理解的质量是获得效益（实际上也相似于赚钱），要把二者统一起来，就只有努力去理解、去把握、去满足顾客的需求和期望。脱离了顾客，企业想赚钱，就只能是一场梦而已。

3 以诚信为根基

3.1 质量的风险特征

企业与顾客之间是一种交换关系。

一般来说，产品交换要涉及两大要素，一个是价格，一个是质量。价格比较直观，比较明晰，排除信息风险和降价风险，对顾客来就，价格不存在风险。1 就是 1，2 就是 2，即使计算错误，也容易纠正。质量则不同，在交换时，顾客往往认识不了，把握不住，心中无底，因而存在着相当大的风险。一旦交换完成，质量风险就从企业手中转移到顾客手中，顾客就可能承担因质量问题造成的意外或额外损失。因此，在质量交换中存在着一个质量风险问题。

质量风险之所以存在，是因为质量本身的诸多特性造成的。

一是质量的非直观性。质量不等于产品，而是依附或隐藏于产品之中的特性，不能或不便直观。虽然可以用眼、耳、鼻、舌、身，通过对产品的观察来判断质量，但这不是直观的结果，而是评价的结果，而且这样的结果往往并不准确。即使是经过设备检测没有发现质量问题的产品，实际上也可能存在着质量问题，可能存在的质量问题就是一种质量风险。

二是质量的非明确性。同样一件产品，甲商场卖 5 元，乙商场卖 6 元，谁都会自觉趋于低价者。质量却难以用具体数字或具体描述来标明。某些质量特性虽然也可以用数字来表示，但都只是代用质量特性，而不是真正质量特性。所谓真正质量特性是直接反映顾客需求和期望的质量特性，例如，产品的寿命、可靠性、安全性等。但是，产品的寿命和可靠性，不到产品使用完毕，往往不能得出最终结论，只能确定一些数据和参数来间接地反映，这就是所谓的代用质量特性。例如，汽车轮胎的使用寿命可以用耐磨度、抗压和抗拉强度等代用质量特性来间接反映。而且，受技术质量知识、检测手段以及心理差异的影响和制约，顾客也难以对产品质量做出确切的判断。

三是质量判断的滞后性。对绝大多数产品来说，其质量究竟如何，往往要等到使用完毕后才能最终作出真正可靠的判断。顾客在购买产品时，即使能够多少把握某些质量状况，也不可能对产品质量进行最终判断。正因为如此，企业的广告和宣传往往都难免自我吹嘘、夸大其辞，顾客只有听之任之，假冒伪劣产品也就有了可乘之机。

四是质量损失的广泛性。产品不该存在的质量问题一旦存在了，不但要大大降低顾客的劳务收益，增加顾客的使用成本，而且还可能给顾客造成心理阴影，也就是精神损失。即使有“三包”之类的保障，但这些损失的绝大部分也只能由顾客自己承担。而且，相当多的产品质量问题还会引起连锁反应，例如，食品不合格引起顾客中毒就会给顾客及其亲属造成痛苦、增大医院负担、增加医疗保险支出，甚至引起恐慌，这些质量损失更是由顾客和社会承担的。

五是质量的非合同性。不管是在合同环境中还是在非合同环境中，都不可能对所有的质量特性都进行明确表述，买方卖方在签订合同时往往各有其想，意思并不完全一致。事实上，很多合同纠纷都是由质量问题引起的。即使产品不合格，顾客往往也难以进行证明，也就难以借助司法救济来弥补自己遭受的质量损失。

3.2 用诚信降低质量风险

所谓质量风险，就是在购买和使用产品的全过程中给顾客造成额外损失（不含应付出的购买及使用成本）的可能性。

虽然只是一种可能，损失可能发生也可能不发生，但如果质量风险过大，超过顾客所能承受的水平，顾客就会拒绝购买。事实上，不论是购买什么产品，顾客都要对质量风险进行某种形式的估量，都有其确定的最大风险界限。

企业要赚钱，就要去赢得顾客，让顾客心甘情愿购买产品；顾客购买产品，偏偏又存在着质量风险，难免不提心吊胆，就会犹豫不决，甚至可能拒绝购买。这样，交易就存在障碍，甚至可能归于失败。交易一旦失败，实际上就是顾客把自己可能承担的质量风险又归还给了企业。于是，企业不仅得不到利润，而且连成本也得不到补偿，生存就面临着极大威胁。

为了自身的利益、为了交易成功，企业只有为顾客降低质量风险，促使顾客尽快做出购买决策，尽快购买。

在把握质量风险特征上，企业与顾客之间信息是极不对称的，企业降低顾客质量风险的主要方法就是为顾客提供真实、可靠的质量信息，也就是两个字——诚信。

所谓诚信，一是诚，即实实在在，确有其事；二是信，即能够信任，确有信用。诚的反面是欺骗，信的反面是怀疑。企业“诚”，顾客才能“信”，才能“用”；相反，企业如果有欺骗言行，顾客就要怀疑，就不会信任，更不会“信”而“用”了。

产品毕竟是由企业生产的，企业毕竟有相应的检测手段，与顾客相比，对有关产品质量的信息知道得更多，对产品质量状况的把握更准，对产品质量问题也有很多手段来加以掩饰。如果企业没有基本的诚信，甚至可以用劣质产品冒充优质产品，用假冒伪劣去赚钱。

从质量的风险特征这个角度来看，质量问题往往不是技术问题，也不是管理问题，而是诚信问题。甚至可以说，质量的根基就是诚信。没有诚信，就没有质量。企业只有以诚信为质量的根基，质量才能得到顾客的认可，双方的交易也才能成功。

企业要诚信，就要把产品质量状况的真实情况告诉顾客，就要为顾客提供相应的质量保证，让顾客放心，让顾客信任。

因此，从一定的意义上甚至可以说，诚信就是质量，质量就是诚信。

3.3 企业的质量保证

ISO 9000 质量管理体系标准原来叫做质量管理和保证标准。所谓质量保证,就是“致力于提供质量要求会得到满足的信任”。虽然新版ISO 9000不再像 1994 年版和 1986 年版那样强调质量保证了,但质量保证依然是其重要要求。ISO 9000 规定:“质量管理体系还能够针对提供持续满足要求的产品向组织及其顾客提供信任。”

信任是一个心理学术语。信者,诚实也、确实也、信奉也、明示也。任者,任用也、责任也、担当也、担保也。信任就是相信而敢于托付,是顾客购买决策的必要条件,是企业诚信的结果。没有企业的诚信就没有顾客的信任。

企业通过质量保证措施使顾客心理上产生信任,相信企业所说的关于产品质量的话是“诚实的”,产品质量水平是“确实的”,是能够“担当的”,是可以“担保的”。这样,顾客就可以放下对质量风险的担心,就可以大胆地购买。

从心理学角度来看,企业的质量保证实际上是抚慰顾客心理的一副安慰剂。这样的安慰剂不仅是必需的,而且往往也是有效的。

事实上,人类社会自从有了产品交换就有了相应的质量保证。从江湖骗子拍胸膛的担保,到老字号商铺的赫赫名声;从产品商标、产品合格证等产品标识,到公开承诺“三包”、“三保”,都可以说是质量保证。

企业的质量保证也就是为降低顾客质量风险所开展的活动和所采取的措施。主要的有:①提供相关的质量保证文件,例如,产品合格证明,生产许可证,质量安全认证,检疫合格证明,食品卫生、药品批准文号等。②邀请顾客代表直接对产品进行检验和监督,对生产场所进行考察和认证。③提供自己的质量信誉,这种信誉可以由权威机构来认可,但最主要的还是企业经过长期艰苦努力在顾客中建立起来的质量信誉。④为顾客提供必要的补偿,也就是加强售后服务,最起码的是实施国家规定的“三包一赔”(包修、包换、包退、赔偿损失),还可以为顾客保险、扩大维修范

围、延长保修期、提供优惠零配件、出了质量问题给予赔偿等。⑤为顾客提供相关的知识和检测手段，例如向顾客普及质量法律知识和产品质量知识，向顾客传授感知质量、判断质量的方法，提供检测质量的手段等。

企业通过质量保证的办法可以达到三个目的：一是让顾客相信其转移给顾客的质量风险是不存在的（这当然不可能）；二是质量风险虽然存在，但质量问题发生的概率却是很小的，质量问题发生后造成的损失也是很小的，这样的质量风险存在具有一定的合理性；三是即使质量问题真的发生了，企业也可以为顾客提供一定的补偿。这样做的目的，就是要让顾客信任，让顾客放心，使质量交换能够顺利进行下去。

3.4 企业的质量信誉

通过诚信建立的质量信誉是企业最宝贵的财富。

所谓信誉就是信用、信任的名誉。首先是企业讲诚信、讲信用，能够履行与顾客约定的事情，特别是能够保证产品达到与顾客约定的质量水平，保证自己的产品是合格的。其次是顾客对企业的信任，也就是顾客相信企业，敢于把自己的利益（例如，因购买支付的金钱、因使用而可能存在的风险损失等）托付给企业。企业没有诚信、不讲信用，顾客就没有信任，信誉就无从谈起。

质量信誉是企业最重要的质量保证，是顾客购买决策中的决定性因素。顾客虽然可以对产品质量进行一定程度的认知，但却难以完全把握，始终存在着质量风险。因此，顾客在认知和判断产品质量时，往往只能从企业的质量信誉去考察。一般来说，对大企业、大商场，往往有“跑得了和尚跑不了庙”的感觉，其信任度可能要大一些。事实上，某企业某种产品一旦被揭露有质量问题，其销量立即就会大幅降下来。这说明，质量信誉对顾客购买决策起着决定性的作用。

企业的质量信誉是企业经过长期艰苦努力在顾客中建立起来的，实际上是企业用自己过去的行为向顾客担保。如果企业在质量问题上出了纰漏，特别是出了不诚信问题，哪怕只有一次，往往也会让多年积累进来的质量信誉受到极大的损害,要恢复往往需要付出更多的努力。

顾客购买和使用产品后,往往要通过各种途径,将自己满意或不满意的信息转告他人。这种被转告的信息,几乎全都与质量有关,实际上也就是在转告企业的质量信誉。这样的转告,对被转告人的购买决策往往有很大影响,有时甚至有决定性的影响。

据美国一家公司调查,一个满意的顾客可能将其满意的信息转告给另外8个人,一个不满意的顾客可能把不满意的信息转告给另外22个人。按此计算,可以得到如下结果:

$$M=(8N+N)-(22n+n)$$

式中:M是质量信誉影响的顾客数(包括潜在顾客);N是满意的顾客数;n是不满意的顾客数。

显然,只有当N大于n且至少是n的2.56倍的情况下,质量信誉才能得到保持。一般来说,不满意顾客的不满意信息更容易使潜在顾客相信、更容易流传、更容易左右潜在顾客的购买决策,因而也更有影响力。考虑到这一点,2.56这个倍数至少还应加大10倍。即使加大10倍,可能也只能保持原有的质量信誉。在竞争状态下,保持实际上等于落后,很可能被竞争对手打败,遭到市场的淘汰。因此,只有把n降到最低限度,把N提高到最高水平,才能使质量信誉得到真正的扩展。

4 把质量当做信仰

4.1 质量赚钱有前提

作为企业领导，当然都知道质量的重要性，都可以说出个一二三来。但是，在实际工作中，特别是在面对质量问题的时候，一些企业领导往往放弃质量，把不合格产品推向市场，甚至有意造假。

企业领导肩负着多种目标，包括质量、安全、产量、成本、交货期、利润等。对企业来说，利润是其第一级目标，质量、安全、产量、成本、交货期之类都是第二级目标。当第二级目标与第一级目标发生冲突时，作为企业领导，特别是只有一定任期的领导，往往会舍弃第二级目标去保第一级目标。在第二级目标之间发生冲突时，那些与第一级目标联系更加直接或更加紧密的目标也可能冲击那些联系不太直接或不太紧密的目标。

质量是为利润服务的，但并不直接等于利润；质量能够赚钱，但并不等于有了质量就能把钱赚到手。质量与利润之间不仅需要一个联系的渠道、而且还需要相应的条件。如果没有相应的渠道、没有相应的条件，质量就难以转变为利润。

所谓联系的渠道，就是要通过市场的渠道让顾客来认可你的质量，让顾客来购买。如果顾客不认可你的质量，质量与利润就只有保持脱离状态，甚至只能是负相关，质量越好利润越低。提高质量毕竟需要投入，甚至需要加大成本，顾客不认可，投入没有回报，成本得不到补偿，利润就会被蚕食，甚至还可能因此而亏损。

所谓相应的条件，就是要有一个比较健全的市场机制，质量法制相对完善，政府对质量监管到位，市场对质量有较高追求，假冒伪劣受到抑制。如果市场对数量需求旺盛，产品供不应求，假冒伪劣泛滥却又不受惩罚，市场总处于“劣币驱逐良币”的状态，质量与利润就难以沟通，质量也就赚不到钱。

而且，质量和利润之间还存在着一个时间差的问题。如果企业领导只看到眼前，没有战略眼光，质量和利润的关系可能就被截断了，为了利润舍弃质量也就在所难免。

只有目光远大的企业领导才能认识到质量就是赚钱的道理。只有培养起对质量的信仰，才能真正把质量放在第一位。

4.2 把质量当做信仰

平时我们只说质量信念，听到说质量信仰，可能有人觉得说得有点过头了。其实，信仰本来就属于信念，是信念的一部分，是信念最集中、最高的表现形式。把质量当做信仰，实际上就是更加强调质量信念的地位和作用而已。

所谓信仰，一是信，就是相信、信任、信奉、信服、信赖；二是仰，就是仰慕、仰望、敬仰。信仰是人类特有的心理现象，是人对自身之外的物质或者精神的信任和依赖，是人们对人生观、价值观和世界观等的选择，反过来又反映了人的人生观、价值观和世界观。

作为企业领导，如果你坚信质量能够为企业赚钱、能够为企业发展助力，有了强烈的质量信念，也就有了对质量的信仰。

对质量的信仰，当然并不等同于对宗教的信仰，不需要有那些繁缛末节。但是，与对宗教的信仰一样，对质量要真心地信服和尊崇，要把质量奉为自己的行为准则和活动指南，作为自己做什么和不做什么的一个根本准则和一种坚定的态度。

企业领导把质量当做信仰之后，首先就要去了解你信仰的质量是什么，也就是说要去学习和理解相关的质量知识。正如佛教经典浩如烟海，任何一名佛教徒都不可能完全掌握这些经典一样，企业领导也不必去学

完所有的质量知识，只需要掌握与自己相关的最重要的、最基本的质量知识就行了。

把质量当做信仰，还要围绕质量来安排自己的工作。不管是在制定企业发展战略、发展目标这些重大事项上，还是处理日常事务工作，都要把关注的重点或者焦点放在质量上（也就是放在顾客身上），任何时候都不能忘记质量、放弃质量。

把质量当做信仰，最重要的是当工作中遇到矛盾、遇到问题时，要把质量作为衡量和处理的准则。不管遇到什么事、不管矛盾多么尖锐、不管困难多大，都要把质量作为一条原则，去分析、去处理，去确定自己应当做什么、不应当做什么。凡是有损质量的，特别是长期损害质量的，要坚决抵制和反对；凡是有利于质量的，特别是能够提高顾客满意度的，要坚决支持和坚持。也就是说，要把质量放在第一位。

4.3　增强质量意识

质量信仰的基础是质量意识。

质量意识是一种对质量的理性认知，包括对质量的认知和相关的质量知识，也就是对事物质量属性的认识和了解，解决的是“什么是质量”的问题。但更重要的是对质量的信念，也就是让人形成一种质量意志，解决的是“质量应当怎样”的问题。

质量信念一旦坚定不移，就成为质量信仰。

质量意识不是天生的，而是后天得来的，主要来自于外界的影响，包括相关的教育和人生体验。对企业领导来说，其质量意识的形成机制比一般员工复杂一些。如果是从本企业内提拔起来的，他的质量意识就是在本企业群体质量意识的水平上形成的；如果是从外部调入的，他的质量意识就离不开他原来所在群体的质量意识所限制的水平，即是由他原来的质量意识决定的。

成了领导，身上担子加重了，这就可能促使自己改变原来的质量意识。未成为领导前，其质量意识往往只能适应自己原来的工作需要。假如原来是工人,只需要保证自己加工的产品符合要求就行了;如果原来是设计人员,只需要保证设计质量达到顾客的需求就可以了。成为领导,仅有这样朴素的质量意识是不行的。企业领导不仅要对制约质量的各种因素有更多的理论和实际的把握,而且要站在决策者的位置上对本企业的质量方针和目标做出决定。因此,企业领导应当掌握更多的质量知识,让朴素的质量意识上升到自觉的高度。

作为企业领导,可能经常批评员工质量意识不高,经常说要提高员工的质量意识。但是,更应当提高质量意识的却是企业领导。20 世纪 80 年代,德国专家威尔纳·格里希在担任武汉柴油机厂厂长时接触过不少中国的厂长、经理,他曾一针见血地指出,中国一些厂长的弱点,“主要是他们的质量意识比较差”。虽然已经过去了 20 多年,这样的现象依然没有多大改变。

企业领导要培养自己的质量信仰,首先就要用更多的时间来接受质量教育,来提高自己的质量意识。

4.4 坚持“质量第一”

企业毕竟是赢利性的组织,企业领导面对着多个目标,在生产经营中必然要遇到很多实际问题,质量目标与其他目标发生矛盾乃至发生冲突的情况总会时有发生。如何认识质量与企业自身利益的关系,如何认识质量与其他目标的关系,或者说,企业领导把质量放在什么位置上,用什么原则来处理质量与其他目标的矛盾和冲突,是企业领导是否真正信仰质量的一个核心问题。

只有坚持“质量第一”,用“质量第一”这个原则来决定质量在企业生产经营中的地位和作用,来处理质量与其他目标的矛盾和冲突,这样的企业领导才能说自己有了质量信仰。

早在 20 世纪 80 年代,“质量第一,永远第一”就已经成为人们的普遍意识。但是,喊口号是一回事,能不能用“质量第一”的价值观来处理企业所面临的问题,来解决质量与企业其他目标的关系,或者说能不能真正

坚持"质量第一"原则,则是另外一回事。在企业的生产经营活动中,一旦遇到质量与其他目标发生冲突了,企业领导牺牲质量的事几乎随处可见,"质量第一"往往也就变成了"质量第二",甚至"质量第三"。

首先是质量与投入的关系。在一定条件下,谁都愿意生产高质量的产品。但是,生产高质量的产品需要相应的投入,例如需要更先进的技术、更优良的设施、更优质的原材料、更熟练的员工等,没有投入是不可能的。当然,并不是说对质量的投入越多越好,更不是说企业应当追求尽善尽美的质量。事实上,对质量的投入如何,往往决定了产品质量的提升。企业往往不是质量投入过度,而是投入不足,不愿意在质量上花钱的现象相当普遍。由于质量投入不足,往往影响产品质量。不少企业在质量设施上往往因陋就简,得过且过。为了降低采购成本,对不合格的原材料睁只眼闭只眼。至于在员工培训上,在质量奖励上,更不愿意多花钱。这样,要真正把质量搞上去往往很难。

其次,在质量与其他目标发生矛盾和冲突时,往往才能检验是否在真正坚持"质量第一"的原则。企业有利润(成本)目标、数量(产量或产值)目标、进度(速度)目标、市场目标等。从道理上说,这些目标的完成都应当依赖于质量目标,都只能建立在质量的基础上。但是,在某些情况下,质量目标表现出是一种"软"目标,适当降低质量要求似乎也可以蒙混过关,即使出现某种程度的不合格,顾客往往也难以知晓,或者知晓了也无法对企业提出索赔要求。于是,当质量与其他目标发生矛盾和冲突时,一些企业领导往往牺牲质量的"软"目标,去保所谓的"硬"目标。虽然某一次这样处理也有其合理性,甚至也可以通过其他方法来弥补因此而给质量造成的损害,但经常这样处理,实际上反映了企业领导并没有"质量第一"的理念,而且上行下效,牺牲质量的事就会在整个企业泛滥成灾。

再次,在处理顾客投诉、国家监督抽查不合格、社会负面舆论等异常情况时,是否坚持"质量第一"原则。任何企业都不可能不出质量问题,即使是推行"六西格玛管理法",也还可能有十万分之一的不合格产品。

问题在于质量出了问题，引起顾客投诉、政府通报、舆论批评后，企业领导怎么办。坚持“质量第一”的原则，就应当把质量问题真正当“问题”，采取相应的措施予以补救。现实中，不少企业领导面临这样的处境时，或者不以为然，不把质量问题当“问题”；或者推诿塞责，用各种借口加以掩饰。质量在他们心目中并不是“第一”的。

最后，“质量第一”的原则要求企业对质量进行持续改进。任何产品的质量都不可能到达一个“光辉的顶点”，都有可能进行改进的地方，包括通过改进管理来降低成本、提高效率。特别是在科学技术日新月异的当代，以质量为核心内容的持续改进对任何企业都是必要的。企业开展持续改进活动是“质量第一”原则的一个基本要求。企业领导只有真正有了质量信仰，真正坚持“质量第一”原则，才能真正去发动持续改进活动，持续改进活动也才能真正取得成效。

4.5 质量第一与安全第一

可能有领导要问了：“质量第一，安全也第一，到底谁第一？”

“质量第一”和“安全第一”是企业的两个基本口号，或者说是企业的基本方针。把两个口号对立起来肯定是不对的，因此而困惑更是不必要的。所谓第一，是比较而言。质量和安全不是一对矛盾的两个方面，也不是同一范畴的不同层次的概念，就像百米赛跑冠军和乒乓球冠军之间一样，二者之间不存在比较的前提条件，不存在谁更“第一”的问题。

我们知道，质量是与数量，具体地说就是与产值、产量、进度等相比较而言的，也就是说，质量和数量这对矛盾中，质量占着第一重要的地位。安全和生产是一对矛盾，也就是说，与生产相比较，应当把安全放在第一的位置。说第一重要，并不否定矛盾的另一方面，例如并不否定数量和生产的重要性。质量正是数量能够成立的基本前提，而安全正是生产的基本保证。

而且，质量与安全相比，质量与企业的根本日标（也就是盈利或赚钱）的联系更直接，因而也就更加具有战略性。一般来说，企业不必把安

全当做战略问题来处理，更不可能把安全当做发展战略来对待，而质量战略却是企业不能不考虑的问题。

进一步说，质量本身就包含了安全的内容（安全性是产品的一个重要的质量特性），安全（不管是产品安全还是过程安全）往往还需要质量来保证，安全管理完全可以融入到质量管理之中。从这样的角度看，"质量第一"比"安全第一"可能更加重要，更需要企业领导去关注、去把握、去实施。

5 承担起质量责任

5.1 责任和责任心

对企业领导来说，质量的第五个关键词是“责任”。

所谓责任，就是担当，就是付出，是一个人不得不做的事，或者说是一个人必须承担的事情，是一种带有强制性的义务。而且，如果没有把这样的事做好，就可能要受到处罚，就要承担不利的后果。

人一旦出生，就有了相应的责任。人活在世上总要背负各种各样的或大或小的责任。首先是对自己承担责任，对自己的生命负责，不能随意损伤自己。同时还要对亲人、对他人、对家庭、对集体、对国家、对社会承担责任，做应当做的事，不做违反法律、违反道德、违反相关规定的事。

一个人能否成功，很大程度上看他有没有责任心，也就是愿不愿意、敢不敢于对要做的事负责。有了责任心，勇于主动负责，往往就有了勇气，有了智慧，有了力量。如果没有责任心，即使有再大的能耐，往往也做不出好的成绩来。

一个人的责任心如何，往往决定了他在工作中的态度，决定了他工作质量的好坏。

就像唱戏一样，既然担任了企业领导，扮演了企业领导的角色，就要承担企业领导这种角色的责任，就要履行赋予这种角色的义务。如果没有做好自己工作，出了问题，就要承担由此带来的不利后果，就可能受到相应的处罚。

企业领导肩负着多种责任，质量责任是其中重要的一项。

《中华人民共和国产品质量法》(以下简称《产品质量法》)明确规定:“生产者、销售者依照本法规定承担产品质量责任。”作为企业的法人代表,这样的责任就落到了厂长、经理身上。也就是说,企业的产品质量责任,首先要由厂长、经理来承担。对厂长、经理来说,质量责任是一种角色责任。

对其他企业领导来说,质量责任也是一种角色责任。

企业领导的质量责任包括了对质量管理工作承担的义务和对产品质量问题承担的责任。这样的责任与企业领导这个职务相伴随,是你分内应当做的事情,在你辞职或被解职前,是推卸不了的。即使你不当领导了,去当工人了,工人也有相应的质量责任,同样也是推卸不了的。

作为企业领导,不仅不能推卸自己的质量责任,而且还要把这种责任内化为自己的责任心,主动去承担应当承担的任务,自觉去完成应当完成的使命。这样,让自己的心态、态度、原则、作风、风格、习惯、思想等适应质量责任的要求,从而也体现出自己的使命和追求。

这样的质量责任心,既是质量信仰的一种外在表现,又对质量信仰起着促进和强化作用。

5.2 企业的社会责任

任何企业都是通过自己的产品与社会发生关系的。产品不仅本身具有质量属性,而且其生产、交换和使用过程也有自己的质量属性。围绕质量的形成、交换和消费,企业与顾客、所有者、员工、供方和社会形成了相当复杂的关系。企业必须保证在质量形成、交换和消费过程中,不给其中任何一方的权益造成损害。如果其中一方的权益受到损害,他们都会要求企业改正、补偿或赔偿他们的损失。例如,企业生产过程的质量不好、消耗过高、经常出现安全事故,或者排放的废渣、废气、废水、噪声等对社会造成严重危害,就会受到社会的严厉谴责,甚至被代表社会的政府严厉处罚。

顾客是产品的接受者、使用者、消费者,产品质量不能满足顾客的要求，顾客就会拒绝购买；产品质量存在问题或缺陷，顾客就会要求企业进行“三包”、“三保”或赔偿；因产品给顾客的人身、财产造成损害，顾客就会要求企业给予侵权赔偿。

相当多的产品在使用过程中都具有外部性。所谓外部性，就是某一顾客在使用产品的过程中，可能给他人或社会造成正面的或负面的影响。如果产品质量不好，就会加大负面的外部性，给社会造成更大的损害。例如汽车质量不好，经常抛锚，不仅会给顾客造成损失，而且还要给社会造成诸如阻塞交通之类的损害。产品质量的外部性，有的顾客能够承受，社会却不能够承受。例如汽车的尾气，驾驶员可以不管，社会却不能不管。

作为社会的代表，政府最关注的就是社会安定、人民幸福。政府为了避免发生因质量造成的社会问题，为了满足人民对质量的需要，也为了避免人民因质量问题受到损害后对政府产生不满，就要通过行政的、法律的各种手段，例如生产许可、产品质量监督检验、市场监管、责令改正或停产整顿等，对企业进行监督管理。

社会对企业的要求就形成了企业的社会质量责任。这样的责任是企业自身带来的，也是社会“强加”给企业的。企业如果不履行或者履行得不好，社会就要采取各种各样的手段，包括法律的、行政的、舆论的手段，对企业进行干预，强迫企业去认真履行。如果我们把“考核”作广义的理解，把社会对企业履行质量责任的所有干预都视为考核，那么可以说，社会几乎无时无刻不在对企业履行社会质量责任进行着考核。

通过这样的“考核”，企业的社会质量责任就对企业形成了约束和压力。这样的约束和压力可以迫使企业去认识自己的社会质量责任，自觉去履行这样的责任，从而促使企业持续改进质量，使自己始终处于质量竞争的优势地位。

企业不是虚构的组织，企业的社会质量责任肯定要落实到具体的人身上，首先就要落实到企业领导身上，特别是企业法人（也就是厂长、经理）身上。厂长、经理是企业质量责任的第一责任人，企业出现质量问题，首先就要追究厂长、经理的责任。

这一切都会形成强大的压力，迫使企业领导认真去履行社会质量责任。

5.3 质量责任的约束力

几乎所有的企业都制定了质量责任制，并且附有各种各样的处罚办法。但是，企业领导往往都把这样的质量责任制看做是针对员工的，好像自己就可以摆脱质量责任制的束缚。

其实，任何工作都有一个质量问题，而只要有质量问题，就应当承担相应的质量责任；都应当有相应的质量责任制来进行约束和考核。企业领导的工作对质量的影响更大、更深，不仅不能例外，反而应当特别加强。

我们来看图 1：

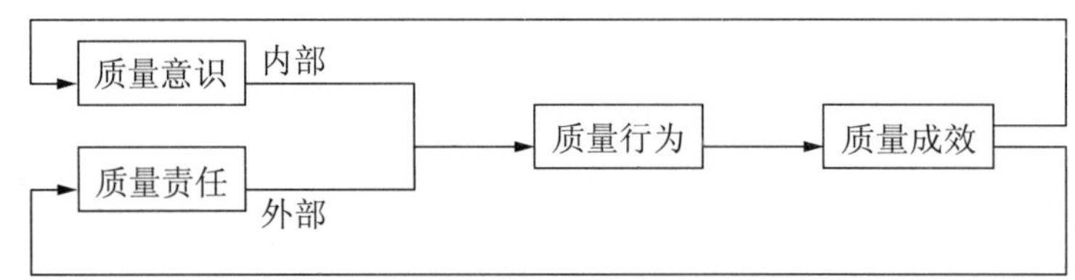

图 1　质量行为的控制机制

质量行为就是我们的工作，当然要受到我们的质量意识的影响和制约，这种影响和制约是来自我们自身的，是一种心理内部的约束。这种约束当然十分重要。但是，只有来自心理内部的约束还是很不全面很不够的，对质量行为还应当有来自外部的约束，外部约束质量行为的因素就是质量责任。

对管理角度来看，质量责任既是员工（包括企业领导）在自己工作中所承担的质量职能，包括对工作质量的要求，又是对没有履行好质量职能或工作质量达不到规定要求应当接受的处罚。把这样的职能和要求用书面形式明确和固定下来，就是企业的质量责任制。

遗憾的是，不少企业制定的质量责任制中，往往没有包含企业领导。即使包含了，往往也是模糊的，难以实际操作的。一旦出现质量问题，往往只是追究员工的质量责任,企业领导却推得一干二净。

事实上,企业的质量问题虽然绝大部分可能表现在员工身上,但根源往往是管理不善造成的。按质量管理大师朱兰博士的说法,在全部质量问题中,有 80% 是由于管理人员的原因造成的,只有 20% 是由员工自身原因造成的。这就是质量管理理论中著名的“8020 原则”。按这个原则来分析,企业领导的质量责任应当更大、更重,更需要质量责任制来约束和规范。

当然,企业领导即使可以逃脱企业内部质量责任的约束,却逃不脱企业外部质量责任(也就是企业社会质量责任)的约束。企业的社会质量责任,首先要由企业领导来承担。如果弄得不好,企业领导不仅可能受到政府主管部门的行政处罚,还可能被告上法庭,承担民事赔偿责任,甚至可能还要承担刑事责任。

从这个角度来看,企业领导所承受的质量责任肯定远远大于一般员工。

企业领导的质量责任一旦形成,就会产生对其质量行为的约束力。质量责任越大、越重,企业领导对质量责任的认识越清晰越深刻,这样的约束力也就越大、越强。

5.4 把压力变为动力

企业要确保和提高产品质量,需要相应的质量动力。

在市场经济条件下,企业的质量动力不可能来自企业内部,而只能来自企业的外部。企业的社会质量责任对企业形成一种压力,这种压力通过一定的转化形式,就成为企业的质量动力。如图 2 所示。

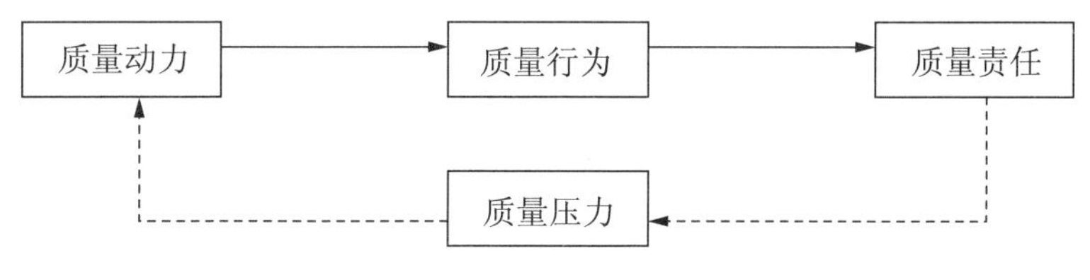

图 2 质量责任的作用

我们这儿说的压力和动力都是心理学的概念。所谓心理压力，就是心理上的一种紧张状态，是外部事件引发的一种内心体验，并且通过某种心理和生理的反应表现出来的心理倾向。心理学认为，人不能没有压力，没有压力就觉得空虚，就会出现一种让人感觉不到自己还在活着的巨大悲哀，那反而是另一种压力。心理学还认为，人的任何行为都需要一定的心理动力。没有起码的心理动力，人甚至不会有任何行动和行为。

企业虽然不是个体的人，却可以看做是人的集合。与单个的人一样，企业也需要相应的心理动力才能生存，才能发展。企业的质量动力来自于质量压力，而质量压力又来自于质量责任，这中间就存在一个转化问题。要搞好这种转化，关键在于将来自外部的质量责任转变成内部的质量责任，并促使内部质量责任的落实。

一般情况下，企业的质量压力最先是由企业领导来感受的。企业领导天天接收来自顾客的、其他相关方的、政府和社会的各种信息，特别是接收了对企业有负面影响的信息后，就会感受到一种压力。企业领导也是人，是人就有自己的自尊，就有对地位、名誉、责任、奖励等的追求，谁也不愿挨批评、受处罚，谁都希望自己能建功立业，为社会做贡献。质量压力这种来自外部的约束，通过企业领导避害趋利的心理活动，就会转化为质量动力，同时变成企业领导自己对自己的心理约束。

质量责任能够激励人的需要，人的需要诱发人的质量动机，促使人们去增强质量意识，去激发质量能力，去改进心理状态，去约束质量行为，让人们更愿意投入积极的质量行为，在工作中更好地发挥自己的潜能，完成工作任务，确保产品质量。

对于企业领导来说，质量责任激发出来的质量动力可以促进他去开展相应的质量工作。其中，最重要的一项质量工作就是把企业的质量责任层层展开，转变成各部门、各级各类人员的质量责任。为了保持压力的强度，这种展开不是分解，不是“串联”，而要通过“并联”的方式，使各部门、各级各类人员都能感受到来自社会的质量压力。这就像电路一样，串联电路会使电压成倍降低，而并联电路的电压却不变。有的质量问题对企业一时一地可能并未形成质量压力，对该质量问题的责任者却应该形成质量压力。为此，企业还需要建立“变电站”，将那些较小的或未形成的质量压力提高强度，输送给责任者以防微杜渐。

各部门、各级各类人员接受质量压力后，通过质量责任制的转化，从而形成他们自己的质量动力，并将其作为控制自己质量行为的心理因素。正是通过上述过程，企业的社会质量责任才能转化为质量动力，推动企业的管理者以及各部门、各级各类人员去履行展开到自己身上的质量责任，通过企业全体人员努力履行质量责任，从而保证企业能够按照社会的要求去履行质量责任，避免因质量问题给企业带来的处罚，并争取通过提升质量而使企业获得更大的利益。

小结:质量打天下

质量打天下,首先要把质量的定义搞对、搞清楚。

对企业领导来说,质量有五个关键词:赚钱、顾客、诚信、信仰、责任。

一个对质量没有认识、没有信念的人,肯定不可能有质量信仰。因为质量存在着风险特征,如果对质量没有信仰,就难免出现失信行为,就可能隐瞒产品的质量真相,就可能把存在质量问题的产品推给顾客。在这种情况下,按照相关的法律法规,产品出现质量问题,企业就要承担相应的质量责任。即使逃脱了质量的法律责任,也不可能不得罪顾客。顾客可能受骗于一时,但不可能永远受骗。某顾客受骗了,他就会抵制这样的产品和这样的企业,而且还会把受骗的情况和感受传出去,结果造成更多的顾客来抵制,甚至引起政府和社会的关注。在此情况下,质量风险就从顾客手中退还到了企业手中,产品卖不出去,企业赚钱的目的就不可能实现。

作为企业领导,一定要对质量有清醒和深刻的认知,一是要从顾客的角度来认识质量,真正以顾客为关注焦点,而不能自说自话,自以为是地把所谓的标准、技术之类强加在产品中,与顾客的需求脱节。二是要真正把顾客当做企业的"衣食父母",用自己的诚信去"感动"顾客,把诚信作为最重要的质量内容,建立起企业的质量信誉。三是要培养起对质量的信仰,把质量当做一个战略问题来对待,不能只看到当前,只看到局部,在遇到质量与其他目标发生矛盾和冲突时,坚定不移守住质量的底线。只有这样,质量才是赚钱的,质量才能长久地给企业带来效益,质量才能与利润画等号。

毛泽东说:枪杆子里面出政权。我们说:质量赚钱打天下。

知识篇

企业领导承担着相应的质量职责，当然应当知道一些质量知识。

任何一门学科都是汪洋大海。同样的，质量学或质量管理学也是这样，包含的知识浩如烟海，即使是普及性的教材，动辄也是几十万上百万字。质量管理大师朱兰博士的《质量控制手册》竟然高达 200 多万字。即使是企业专门负责质量管理的工程师，可能也很少有人全部认真阅读过，更不要说进行过深入研究了。

企业领导，特别是作为企业最高管理者的厂长、经理，不需要成为质量管理专家。从企业领导的工作职责出发，只需要知道本篇所列的一些质量知识即可。学习这些质量知识，理解这些质量要求，一是可以增强自己的质量意识，有利于培养对质量的信仰；二是可以加深对质量的认识，有利于制定和实施企业的质量战略；三是可以提高处理质量问题的能力，有利于把握企业质量管理的大局；四是可以改变传统的思维方式，有利于对质量和质量管理进行持续改进。

我们罗列于此的，仅仅是企业领导必须掌握的最基础的知识，也就是说，是企业领导必须了解、必须知道的。如果各位领导有精力、有兴趣，多学一些质量知识，甚至成为质量管理的行家里手，也是很值得的。

6 质量法律知识

6.1 质量的法律性质

正如我们曾经说过的，产品质量归根结底是一个经济问题，不管是作为生产者、经营者的企业，还是作为购买者、使用者的顾客，都要从中获得相应的质量效益，这就有了一个如何分配质量效益的问题。同时，产品质量的形成、交换和消费过程都具有很强的外部性，产品质量又具有很强的风险特征，这样的外部性，这样的风险特征很可能给他人、给社会带来损害，这就有了一个质量责任问题。为了合理分配质量效益，为了限制质量风险，为了界定质量责任，为了避免因质量问题造成的社会矛盾尖锐化，就需要法律来进行规范，调整各方的关系和利益。

法律是调整人与人的关系和利益，规范人们行为的一种社会规则。质量的形成、交换和消费的整个过程，涉及企业、员工、顾客、社会和政府。他们之间的质量关系，特别是企业与顾客之间的质量关系，如果没有法律来规范来调整，就可能因为质量问题而使质量的形成、交换和消费的整个过程失序，从而造成严重的社会问题，甚至破坏社会的和谐稳定，不仅不利于顾客和社会，也不利于企业和政府。政府为了维护正常的社会秩序，让质量的形成、交换和消费的整个过程井然有序，就需要运用法律的手段，来规范与质量形成、交换和消费的整个过程相关的各方的责任和义务。于是，质量法就呼之欲出。

事实上，人类刚刚摆脱了原始状态就已经认识到质量的这种法律性质。早在3800多年前，也就是约公元前18世纪的古代汉谟拉比法典中，

就有一条法律规定:“如果营造商为某人建造一所房屋,由于他建造得不牢固,结果房屋倒塌,使房主身亡,那么这位营造商将被处死。”这可能是世界上有记录的最早的有关质量的法律。中国是世界四大文明古国之一,很早以前就有了有关质量的法律法规。成书于公元前403年前后的《周礼·考工记》就有“物勒工名”的规定。但是,由于中国古代商品经济不发达,小手工业又主要是为封建官僚服务的,因而质量法制建设相对落后。

质量法属于经济法的范畴,是民事责任在产品质量责任中的一项重要内容,主要涉及民事责任中的违约、侵权以及违约与侵权的竞合等法律问题。质量的外部性的和风险特征使产品质量致害的后果具有复杂性,涉及如何区分人身伤害(其中包括精神伤害)和财产损害,如何区分致本人损害与致第三人损害,以及如何分别予以定性并寻求其处理机制等一系列难题,很难用一般的民事责任来涵盖,因而需要专门的质量法来界定和明确。于是就有了以《产品质量法》为中心的一系列质量法律法规。

6.2 最基本的质量法律知识

作为企业领导必须知道最基本的质量法律法规,首先是《产品质量法》,其次是《消费者权益保护法》。如果是生产食品药品的,还必须知道《食品安全法》和《药品管理法》;如果是建筑企业,还必须知道《建筑法》。同时,还要知道与这些法律相关的实施细则和配套性法规,例如《工业产品生产许可证管理条例》《产品质量监督抽查管理办法》之类。此外,还要多少了解一些与产品质量相关的其他法律法规,例如《标准化法》《计量法》《商标法》《经济合同法》《反不正当竞争法》《广告法》《侵权责任法》等。

其中特别重要的是以下几方面。

(1)关于产品应当检验合格,不得以不合格产品冒充合格产品的规定

《产品质量法》第十二条规定:“产品质量应当检验合格,不得以不合格产品冒充合格产品。”

那么,什么才叫合格呢?

《产品质量法》第二十六条规定:“产品质量应当符合下列要求:(一)不存在危及人身、财产安全的不合理的危险,有保障人体健康和人身、财产安全的国家标准、行业标准的,应当符合该标准;(二)具备产品应当具备的使用性能,但是,对产品存在使用性能的瑕疵作出说明的除外;(三)符合在产品或者其包装上注明采用的产品标准,符合以产品说明、实物样品等方式表明的质量状况。”

(2)关于生产许可证的规定

《工业产品生产许可证管理条例》第四十五条规定:“企业未依照本条例规定申请取得生产许可证而擅自生产列入目录产品的,由工业产品生产许可证主管部门责令停止生产,没收违法生产的产品,处违法生产产品货值金额等值以上三倍以下的罚款;有违法所得的,没收违法所得;构成犯罪的,依法追究刑事责任。”

实行生产许可证制度的,一是食品、药品、医药器械等直接关系人体健康的产品,二是电热毯、压力锅、燃气热水器等可能危及人身、财产安全的产品,三是税控收款机、防伪验钞仪、卫星电视广播地面接收设备、无线广播电视发射设备等关系金融安全和通信质量安全的产品,四是安全网、安全帽、建筑扣件等保障劳动安全的产品,五是电力铁塔、桥梁支座、铁路工业产品、水工金属结构、危险化学品及其包装物、容器等影响生产安全、公共安全的产品,六是法律、行政法规要求依照本条例的规定实行生产许可证管理的其他产品。

(3)关于产品必须保障人体健康和人身、财产安全的规定

《产品质量法》第十三条规定:“可能危及人体健康和人身、财产安全的工业产品,必须符合保障人体健康和人身、财产安全的国家标准、行业标准;未制定国家标准、行业标准的,必须符合保障人体健康和人身、财产安全的要求。”“禁止生产、销售不符合保障人体健康和人身、财产安全的标准和要求的工业产品。”

第四十九条规定："生产、销售不符合保障人体健康和人身、财产安全的国家标准、行业标准的产品的，责令停止生产、销售，没收违法生产、销售的产品，并处违法生产、销售产品（包括已售出和未售出的产品）货值金额等值以上三倍以下的罚款；有违法所得的，并处没收违法所得；情节严重的，吊销营业执照；构成犯罪的，依法追究刑事责任。"

（4）关于不得掺杂、掺假，以假充真，以次充好的规定

《产品质量法》第五条规定："禁止伪造或者冒用认证标志等质量标志；禁止伪造产品的产地，伪造或者冒用他人的厂名、厂址；禁止在生产、销售的产品中掺杂、掺假，以假充真，以次充好。"

第三十二条规定："生产者生产产品，不得掺杂、掺假，不得以假充真、以次充好，不得以不合格产品冒充合格产品。"

第三十九条规定："销售者销售产品，不得掺杂、掺假，不得以假充真、以次充好，不得以不合格产品冒充合格产品。"

第五十条规定："在产品中掺杂、掺假，以假充真，以次充好，或者以不合格产品冒充合格产品的，责令停止生产、销售，没收违法生产、销售的产品，并处违法生产、销售产品货值金额百分之五十以上三倍以下的罚款；有违法所得的，并处没收违法所得；情节严重的，吊销营业执照；构成犯罪的，依法追究刑事责任。"

（5）关于不得生产国家明令淘汰产品的规定

《产品质量法》第二十九条规定："生产者不得生产国家明令淘汰的产品。"

第三十五条规定："销售者不得销售国家明令淘汰并停止销售的产品和失效、变质的产品。"

第五十一条规定："生产国家明令淘汰的产品的，销售国家明令淘汰并停止销售的产品的，责令停止生产、销售，没收违法生产、销售的产品，并处违法生产、销售产品货值金额等值以下的罚款；有违法所得的，并处没收违法所得；情节严重的，吊销营业执照。"

(6)关于不得伪造产品的产地,伪造或者冒用他人厂名、厂址,伪造或者冒用认证标志等质量标志的规定

《产品质量法》第五条规定:“禁止伪造或者冒用认证标志等质量标志;禁止伪造产品的产地,伪造或者冒用他人的厂名、厂址;禁止在生产、销售的产品中掺杂、掺假,以假充真,以次充好。”

第三十条规定:“生产者不得伪造产地,不得伪造或者冒用他人的厂名、厂址。”

第三十一条规定:“生产者不得伪造或者冒用认证标志等质量标志。”

第三十七条规定:“销售者不得伪造产地,不得伪造或者冒用他人的厂名、厂址。”

第三十八条规定:“销售者不得伪造或者冒用认证标志等质量标志。”

第五十三条规定:“伪造产品产地的,伪造或者冒用他人厂名、厂址的,伪造或者冒用认证标志等质量标志的,责令改正,没收违法生产、销售的产品,并处违法生产、销售产品货值金额等值以下的罚款;有违法所得的,并处没收违法所得;情节严重的,吊销营业执照。”

(7)关于产品标识(包括有包装的产品标识)的规定

《产品质量法》第二十七条规定:“产品或者其包装上的标识必须真实,并符合下列要求:(一)有产品质量检验合格证明;(二)有中文标明的产品名称、生产厂厂名和厂址;(三)根据产品的特点和使用要求,需要标明产品规格、等级、所含主要成分的名称和含量的,用中文相应予以标明;需要事先让消费者知晓的,应当在外包装上标明,或者预先向消费者提供有关资料;(四)限期使用的产品,应当在显著位置清晰地标明生产日期和安全使用期或者失效日期;(五)使用不当,容易造成产品本身损坏或者可能危及人身、财产安全的产品,应当有警示标志或者中文警示说明。”

第三十三条规定:“销售者应当建立并执行进货检查验收制度,验明

产品合格证明和其他标识。”

第三十六条规定:“销售者销售的产品的标识应当符合本法第二十七条的规定。”

第五十四条规定:“产品标识不符合本法第二十七条规定的,责令改正;有包装的产品标识不符合本法第二十七条第(四)项、第(五)项规定,情节严重的,责令停止生产、销售,并处违法生产、销售产品货值金额百分之三十以下的罚款;有违法所得的,并处没收违法所得。”

(8)关于销售“处理品”的规定

按照《工业产品质量责任条例》第十条规定:“达不到国家的有关标准规定等级、仍有使用价值的‘处理品’,经企业主管机关批准后,方可降价销售,在产品和包装上必须标出显著的‘处理品’字样。违反国家安全、卫生、环境保护、计量等法规要求的产品,必须及时销毁或作必要的技术处理,不得以‘处理品’流入市场。不得用‘处理品’生产和组装用以销售的产品。”

《工业产品质量责任条例》是1986年由国务院发布的。按照国家质量技术监督检验总局下发的《〈中华人民共和国产品质量法〉若干问题的意见》(国质检法〔2011〕83号)规定:“《工业产品质量责任条例》《产品质量监督试行办法》目前仍是有效的行政法规,在适用时应当遵循法的效力等级原则。对同一问题上述行政法规与法律均有规定但相抵触的,应当以《中华人民共和国产品质量法》的规定为准;《中华人民共和国产品质量法》没有规定,而上述行政法规有规定的,可以依照行政法规的规定执行。”因此,在销售“处理品”时还必须按照《工业产品质量责任条例》来进行。

其实,《产品质量法》也有类似的规定。第二十六条规定的产品质量应当符合的要求中,第二款就是:“具备产品应当具备的使用性能,但是,对产品存在使用性能的瑕疵作出说明的除外”。也就是说,产品存在使用性能上的瑕疵,如果要销售,必须向顾客说明(最好当然是标出“处理品”字样),否则就可能构成欺诈。

《消费者权益保护法》也有相应的规定。第二十三条规定:“经营者应当保证在正常使用商品或者接受服务的情况下其提供的商品或者服务应当具有的质量、性能、用途和有效期限;但消费者在购买该商品或者接受该服务前已经知道其存在瑕疵,且存在该瑕疵不违反法律强制性规定的除外。”

(9)关于产品质量监督检查的规定

《产品质量法》第十五条规定:“国家对产品质量实行以抽查为主要方式的监督检查制度,对可能危及人体健康和人身、财产安全的产品,影响国计民生的重要工业产品以及消费者、有关组织反映有质量问题的产品进行抽查。抽查的样品应当在市场上或者企业成品仓库内的待销产品中随机抽取。监督抽查工作由国务院产品质量监督部门规划和组织。县级以上地方产品质量监督部门在本行政区域内也可以组织监督抽查。法律对产品质量的监督检查另有规定的,依照有关法律的规定执行。”

第十六条规定:“对依法进行的产品质量监督检查,生产者、销售者不得拒绝。”

第十七条规定:“依照本法规定进行监督抽查的产品质量不合格的,由实施监督抽查的产品质量监督部门责令其生产者、销售者限期改正。逾期不改正的,由省级以上人民政府产品质量监督部门予以公告;公告后经复查仍不合格的,责令停业,限期整顿;整顿期满后经复查产品质量仍不合格的,吊销营业执照。”

第十八条规定:“县级以上产品质量监督部门根据已经取得的违法嫌疑证据或者举报,对涉嫌违反本法规定的行为进行查处时,可以行使下列职权:(一)对当事人涉嫌从事违反本法的生产、销售活动的场所实施现场检查;(二)向当事人的法定代表人、主要负责人和其他有关人员调查、了解与涉嫌从事违反本法的生产、销售活动有关的情况;(三)查阅、复制当事人有关的合同、发票、账簿以及其他有关资料;(四)对有根据认为不符合保障人体健康和人身、财产安全的国家标准、行业标准的产品或者有其他严重质量问题的产品,以及直接用于生产、销售该项产品的原辅

材料、包装物、生产工具,予以查封或者扣押。”

第五十六条规定:“拒绝接受依法进行的产品质量监督检查的,给予警告,责令改正;拒不改正的,责令停业整顿;情节特别严重的,吊销营业执照。”

第六十五条规定:“各级人民政府工作人员和其他国家机关工作人员有下列情形之一的,依法给予行政处分;构成犯罪的,依法追究刑事责任:(一)包庇、放纵产品生产、销售中违反本法规定行为的;(二)向从事违反本法规定的生产、销售活动的当事人通风报信,帮助其逃避查处的;(三)阻挠、干预产品质量监督部门或者工商行政管理部门依法对产品生产、销售中违反本法规定的行为进行查处,造成严重后果的。”

第六十九条规定:“以暴力、威胁方法阻碍产品质量监督部门或者工商行政管理部门的工作人员依法执行职务的,依法追究刑事责任;拒绝、阻碍未使用暴力、威胁方法的,由公安机关依照治安管理处罚条例的规定处罚。”

(10)关于产品质量责任及损害赔偿的规定

《产品质量法》第四条规定:“生产者、销售者依照本法规定承担产品质量责任。”

第四十条规定:“售出的产品有下列情形之一的,销售者应当负责修理、更换、退货;给购买产品的消费者造成损失的,销售者应当赔偿损失:(一)不具备产品应当具备的使用性能而事先未作说明的;(二)不符合在产品或者其包装上注明采用的产品标准的;(三)不符合以产品说明、实物样品等方式表明的质量状况的。”

第四十一条规定:“因产品存在缺陷造成人身、缺陷产品以外的其他财产(以下简称他人财产)损害的,生产者应当承担赔偿责任。”

第四十二条规定:“由于销售者的过错使产品存在缺陷,造成人身、他人财产损害的,销售者应当承担赔偿责任。”

第四十四条规定:“因产品存在缺陷造成受害人人身伤害的,侵害人应当赔偿医疗费、治疗期间的护理费、因误工减少的收入等费用;造成残疾的，还应当支付残疾者生活自助具费、生活补助费、残疾赔偿金以及由其扶养的人所必需的生活费等费用；造成受害人死亡的，并应当支付丧葬费、死亡赔偿金以及由死者生前扶养的人所必需的生活费等费用。”“因产品存在缺陷造成受害人财产损失的，侵害人应当恢复原状或者折价赔偿。受害人因此遭受其他重大损失的，侵害人应当赔偿损失。”

《消费者权益保护法》也有相同的规定，有的规定还更具体更严格。

第四十八条规定：“经营者提供商品或者服务有下列情形之一的，除本法另有规定外，应当依照其他有关法律、法规的规定，承担民事责任：（一）商品或者服务存在缺陷的；（二）不具备商品应当具备的使用性能而出售时未作说明的；（三）不符合在商品或者其包装上注明采用的商品标准的；（四）不符合商品说明、实物样品等方式表明的质量状况的；（五）生产国家明令淘汰的商品或者销售失效、变质的商品的；（六）销售的商品数量不足的；（七）服务的内容和费用违反约定的；（八）对消费者提出的修理、重作、更换、退货、补足商品数量、退还货款和服务费用或者赔偿损失的要求，故意拖延或者无理拒绝的；（九）法律、法规规定的其他损害消费者权益的情形。”“经营者对消费者未尽到安全保障义务，造成消费者损害的，应当承担侵权责任。”

第四十九条规定：“经营者提供商品或者服务，造成消费者或者其他受害人人身伤害的，应当赔偿医疗费、护理费、交通费等为治疗和康复支出的合理费用，以及因误工减少的收入。造成残疾的，还应当赔偿残疾生活辅助具费和残疾赔偿金。造成死亡的，还应当赔偿丧葬费和死亡赔偿金。”

第五十条规定：“经营者侵害消费者的人格尊严、侵犯消费者人身自由或者侵害消费者个人信息依法得到保护的权利的，应当停止侵害、恢复名誉、消除影响、赔礼道歉，并赔偿损失。”

第五十一条规定：“经营者有侮辱诽谤、搜查身体、侵犯人身自由等侵害消费者或者其他受害人人身权益的行为，造成严重精神损害的，受害人可以要求精神损害赔偿。”

第五十二条规定:“经营者提供商品或者服务,造成消费者财产损害的,应当依照法律规定或者当事人约定承担修理、重作、更换、退货、补足商品数量、退还货款和服务费用或者赔偿损失等民事责任。”

第五十三条规定:“经营者以预收款方式提供商品或者服务的,应当按照约定提供。未按照约定提供的,应当按照消费者的要求履行约定或者退回预付款;并应当承担预付款的利息、消费者必须支付的合理费用。”

第五十四条规定:“依法经有关行政部门认定为不合格的商品,消费者要求退货的,经营者应当负责退货。”

第五十五条规定:“经营者提供商品或者服务有欺诈行为的,应当按照消费者的要求增加赔偿其受到的损失,增加赔偿的金额为消费者购买商品的价款或者接受服务的费用的三倍;增加赔偿的金额不足五百元的,为五百元。法律另有规定的,依照其规定。”“经营者明知商品或者服务存在缺陷,仍然向消费者提供,造成消费者或者其他受害人死亡或者健康严重损害的,受害人有权要求经营者依照本法第四十九条、第五十一条等法律规定赔偿损失,并有权要求所受损失二倍以下的惩罚性赔偿。”

第五十六条规定:“经营者有下列情形之一,除承担相应的民事责任外,其他有关法律、法规对处罚机关和处罚方式有规定的,依照法律、法规的规定执行;法律、法规未作规定的,由工商行政管理部门或者其他有关行政部门责令改正,可以根据情节单处或者并处警告、没收违法所得、处以违法所得一倍以上十倍以下的罚款,没有违法所得的,处以五十万元以下的罚款;情节严重的,责令停业整顿、吊销营业执照:(一)提供的商品或者服务不符合保障人身、财产安全要求的;(二)在商品中掺杂、掺假,以假充真,以次充好,或者以不合格商品冒充合格商品的;(三)生产国家明令淘汰的商品或者销售失效、变质的商品的;(四)伪造商品的产地,伪造或者冒用他人的厂名、厂址,篡改生产日期,伪造或者冒用认证标志等质量标志的;(五)销售的商品应当检验、检疫而未检验、检疫或者伪造检验、检疫结果的;(六)对商品或者服务作虚假或者引人误解的宣传的;

(七)拒绝或者拖延有关行政部门责令对缺陷商品或者服务采取停止销售、警示、召回、无害化处理、销毁、停止生产或者服务等措施的;(八)对消费者提出的修理、重作、更换、退货、补足商品数量、退还货款和服务费用或者赔偿损失的要求,故意拖延或者无理拒绝的;(九)侵害消费者人格尊严、侵犯消费者人身自由或者侵害消费者个人信息依法得到保护的权利的;(十)法律、法规规定的对损害消费者权益应当予以处罚的其他情形。"

第五十七条规定:"经营者违反本法规定提供商品或者服务,侵害消费者合法权益,构成犯罪的,依法追究刑事责任。"

7 质量成本知识

7.1 质量经济分析

质量不是免费午餐,质量是要支付一定成本的。一般情况下,质量越好成本就越高。如果这样的质量不被顾客认可,或者说不是顾客需求和期望的,顾客就不愿意支付更高的价格来购买,企业多支出的成本就得不到补偿,就会降低甚至吞食企业的利润。用我们曾经用过的公式"$Q = S - C$"来说,当 C 增大了,S 不能相应增大,Q 必然就会减小。

虽然我们说过质量就是赚钱,但前提是这样的质量要得到顾客认可,并不是质量越好就越赚钱,更不是把某一个质量特性值弄得越高就越好。企业在设计产品时,首先就要对质量进行经济分析,确定最佳的产品质量水平,而不是盲目追求所谓的质量。

作为企业领导,当然不必去做具体的质量经济分析工作,但至少要了解质量的经济性,懂得质量分析的基本知识和基本技能。

我们来看图 3:

图中的 C 曲线表示质量与成本之间的关系。产品成本随着质量提高而增加。产品等级提高,要求技术、工艺和管理水平提高,设计和制造等成本就会相应增加,总成本也随之提高。

图中的 S 曲线表示质量与收益之间的关系。企业的收益就是销售收入,等于产品单价与销售量的乘积。不管是单价还是销售量都与质量有关系。单价和销售量在产品质量较低时可以随着质量的提高而提高。但是,当质量达到一定水平后,单价不可能无限制提高;而且,随着单价的提高，销售量也可能下降，从而使企业的销售收入下降。

从图上可以看到，当质量水平从Ⅲ级提高到Ⅱ级，成本增加了 a，销售收入增加了 b，$b > a$，这时对企业是有利的。当质量从Ⅱ级提高到Ⅰ级，成本增加了 c，销售收入增加了 d，$c > d$，这时对企业就是不利的了。也就是说，把质量从Ⅱ级提高到Ⅰ级是不可行的。Ⅱ级质量水平就是企业应当保持的最佳质量水平。

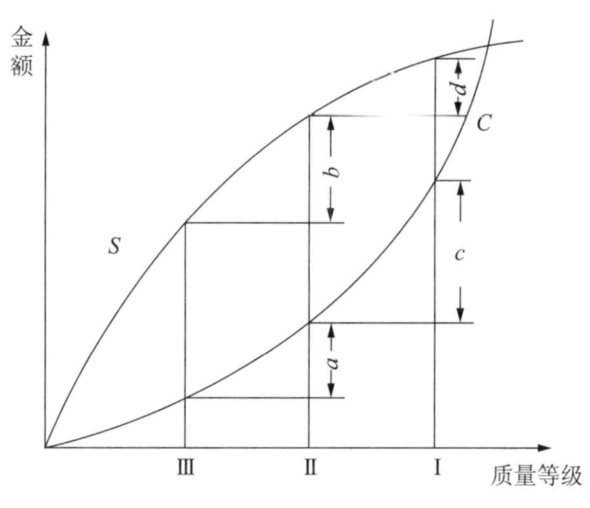

图 3　质量水平曲线

不仅是产品质量水平的设计如此，产品制造过程中合格率问题与此也相似，也有一个质量、成本和效益的关系。虽然这样的关系相当复杂，但在一定的范围和一定的条件下依然可以找到一个合理的平衡点。企业领导对此应当知晓，并在决策时使用相应的方法来分析其关系，来确定那个合理的平衡点。

7.2　最佳质量水平

我们再从顾客的角度来分析最佳质量水平。

顾客需要的不是产品也不是质量，而是产品给自己提供的劳务，而且是有最佳质量效益的劳务。也就是说，顾客期望用最少的钱获得最大的

收益。一般来说,顾客支付的成本包括购置费用和使用费用(例如维修、保养、故障等等费用),产品质量水平越高,购置费用也就越高,而使用成本就会越低。顾客要求的最佳质量水平应当是产品在整个使用过程中(寿命周期内)所支付的总费用最低。如图 4 所示。

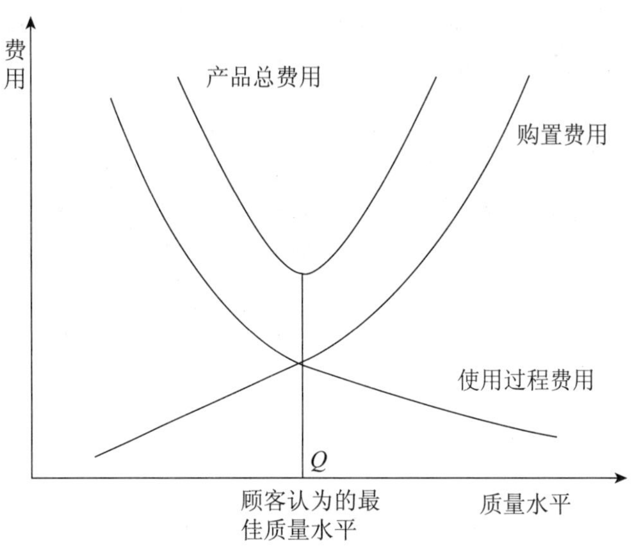

图 4　最佳质量水平

不管是顾客的最佳质量水平还是企业的最佳质量水平,都是最经济的质量水平,也就是能够给企业和顾客提供最大效益的质量水平。虽然企业的最佳质量水平与顾客的最佳质量水平可能存在着一些差异,分析的方法有所不同,但本质上是一样的,二者也有一个平衡点。一般来说,只有满足了顾客的最佳质量水平要求,企业的最佳质量水平才能最终确定。或者说,企业的最佳质量水平是以顾客最佳质量水平为前提条件的。

为了使产品达到或接近这样的水平,一方面要将不足的质量补足,另一方面要将过剩的质量消除。价值工程(*VE* 工程)就是一种消除过剩质量的方法。

当然,质量的最佳水平不是固定的。随着科学技术的发展,质量的技术指标(也就是产品的性能、寿命、可靠性之类)将逐渐提高,成本(包括生产成本和使用成本)将逐渐降低。虽然这也是一个没有止境的过程,但在一定的条件下科学技术及其体现在产品上的技术指标毕竟要受经济的制约。在科学技术没有根本改变的情况下,质量的最佳水平很可能是相对不变的。

作为企业领导,当然应当知道这个道理,不要去盲目追求质量水平,更不要盲目去提高那些技术指标。

7.3 质量成本知识

质量成本是一门比较深的学问,不能要求企业领导全部掌握。而且,绝大多数企业实际上也没有开展质量成本核算,即使开展了也因为种种原因,可能并没有经常进行分析。但是,对于企业领导来说,了解一些质量成本知识,懂得质量与成本的关系,知道质量成本四大科目之间的关系,还是相当必要的。了解一些质量成本知识可以帮助企业领导从经济的角度去考虑质量问题。即使企业没有普遍开展质量成本核算,在遇到重大质量决策时,如果需要把握决策的后果,也可以运用质量成本知识、质量成本方法来搜集必要的数据,对决策进行必要的经济分析,以防止决策失误。

所谓质量成本,是企业为了将质量保持在规定的质量水平上所需要的费用,或者说是企业为保证和提高产品质量而支付的费用。

质量成本是产品成本的一部分,或者说是从产品成本中划出来的与质量相关的一部分。哪些可以划出来作为质量成本,哪些可以不划出来,不同的企业可能有不同的认识,因而有不同的标准,有的企业划出来的项目可能多一些,有的企业划出来的项目可能少一些。因此,不同企业之间的质量成本往往没有可比性。虽然如此,同一企业按同一标准划出来的质量成本却具有可比性。这种可比性可以为企业进行质量经济分析提供客观的、直接的依据,从而可以帮助企业进行有关质量问题的决策。

质量成本包括预防成本、鉴定成本、内部损失成本和外部损失成本。

预防成本是为了预防出现质量问题、不合格、故障等所需的费用，一般包括质量工作费、质量培训费、质量评审费、质量改进措施费、质量奖励费等。

鉴定成本是评定产品是否合格、是否满足规定要求所需的费用，一般包括各种内容，各种形式的产品检验、检测、试验所需的费用以及检验、检测、试验所需的人工、设备、原材料、折旧、大修等费用。

内部损失成本是指产品出厂前因为不合格或不能满足规定要求而支付的费用，一般包括废品损失、返修损失和复验费用、停工损失、事故分析处理费、产品降级损失等。

外部损失成本是指产品出厂后因为不合格或不能满足规定要求而支付的费用，一般包括索赔费用、退货损失、保修费用、降价损失、诉讼费用、信誉损失等。

质量成本四大科目中具体设置哪些科目，不同的企业并不需要完全相同。有些科目的数据可以直接来源于企业成本核算科目，例如废品损失；有些科目的数据可能只有通过统计来获取，例如停工损失；还有些科目的数据可能只有进行估计了，例如信誉损失。正因为如此，有人认为质量成本核算不严谨。虽然不严谨，质量成本核算的主要目的是为企业对质量进行经济分析，为企业领导质量决策提供依据，只要能够达到目的就行了。

对企业来说，开展质量成本核算，一是可以通过控制和降低质量成本来控制和降低企业的总成本，二是可以通过质量成本分析来确定最佳质量水平，三是可以通过成本和效益的分析来提高质量管理的有效性，四是可以把质量成本的责任划分给有关的责任部门从而克服责任不清的现象。

7.4 预防的经济效用

由于不同企业生产的产品不同，质量特性、质量要求、控制标准、质量问题造成的后果等不一致，加上企业的生产水平、技术条件、设备和环境等相关很大，再加上选定的质量成本项目存在差异，质量成本水平及其占企业总成本的比例也就不可能相同。据质量管理大师朱兰博士给出的参考数据，传统的机械工业企业质量成本占销售收入的比例仅为1%～5%，而像生产航天器这样的高端复杂产品的企业，质量成本竟然要占销售收入的25%左右。因此，不同的企业之间，不需要去比较质量成本。

但是，质量成本四大科目之间却是有一定关系的，企业不去和别的企业比较，却可以同自己进行比较，从而采取必要的措施去降低质量成本。

一般来说，如果企业不支付必要的预防成本，例如不开展质量工作，不进行必要的质量培训，质量问题肯定就会层出不穷，肯定会加大内部和外部的各种质量损失。如果企业在预防和鉴定上过分舍不得，产品出厂后就会引起大量的质量纠纷，从而导致外部损失大大增加。

朱兰博士对美国企业进行了多年的调查，提出了各类质量成本占质量总成本的大致比例：预防成本占1%～5%；鉴定成本占10%～50%；内部损失成本占25%～40%；外部损失成本占25%～40%。

按不少企业的经验，在预防措施不足的情况下，适当增加预防费用可以大大降低内部和外部损失成本。有一家企业把预防成本从1%增加到5%，半年后，鉴定成本下降了3%，内部损失成本下降了5%，外部损失成本下降了10%，从而使整个质量成本从占企业总成本的13%下降到11%。

对企业领导来说，开展质量成本核算可以清楚地了解质量问题给企业造成的损失。如果企业领导多少懂一些质量成本知识，就可以从中找到进行质量改进的机会，通过适当增加预防和鉴定成本来降低质量损失，从而降低整个质量成本。

图5是美国生产装甲车辆为主的FMV公司提供的质量损失的金字塔图。

图5表明:缺陷发现越晚,付出的代价就越大,而且是呈几何级数增加。任何企业,任何一位企业领导,可能都希望早点发现缺陷。而要提前发现缺陷就只有采取相应的预防措施。与其损失一百万元,不如支付一元钱。

损失金额/美元	暴露问题点
1	草图
10	产品生产
100	检验
1000	现场使用
10 000	改型
100 000	法律诉讼
1 000 000	判决

图5　质量损失的金字塔图

目前,我国企业大多存在的消耗高、效益低的问题,相当大一部分原因都是因为质量问题引起的。随着市场经济体制逐步完善和《产品质量法》《消费者权益保护法》《侵权责任法》等法律法规的严格实施,企业向顾客转嫁损失的做法将越来越难以奏效。企业领导如果把质量控制的重点放到预防上来,肯定能够大大提高企业的效益。同时,我国产品整机质量差和个别零部件质量过剩的情况同时存在,降低后者的质量成本也有相当大的余地,懂一点质量成本知识对消除个别零部件质量过剩也有重要意义。

8 TQM的指导思想

8.1 全面质量管理

人类一旦开始生产活动,就有了产品,而生产的产品总是有质量属性的,原始人也就有了对质量的模糊认识。据考古发现,原始人对打制的石器就已经有了最初的“检验”。打制出一件石器,要交给经验丰富的长老看看,甚至要由长老帮忙修理。由于有了这样的“检验”过程,就能保证打制的石器达到一个相应的质量水平。可以说,这是最原始的质量管理。

不过,直到20世纪以前,产品的质量检验主要还是依靠手工操作者的手艺和经验,也就是由操作者自己对产品的质量进行鉴别和把关。1918年,美国出现了以泰勒为代表的“科学管理运动”,强调工长在保证质量方面的作用,把执行质量管理的责任由操作者转移到工长,这才把质量管理真正提上了议事日程。现代质量管理的历史至今也不过一百多年,大体经历了三个阶段。

第一个阶段是20世纪初开始的,以质量检验把关为主,人们对质量管理的理解还只限于质量检验。由于生产规模的不断扩大,大多数企业设置了专职的检验部门,检验职能由工长转移到专职检验员。专职检验的特点就是由专职检验员在产品中挑废品、划等级。这样做,对保证出厂产品质量方面虽然有一定的成效,但也有不可克服的缺点:一是出现质量问题容易扯皮、推诿;二是只能事后把关,而不能在生产过程中起到预防、控制作用,待发现废品时已经成为事实,无法补救;三是对产品的全数检验,有时在技术上是不可能做到的(如破坏性检验),有时在经济上是不

合理、不合算的(如检验工时太长、检验费用太高)。

第二个阶段开始于20世纪30年代,称为统计质量控制阶段。由于第二次世界大战对军需品的特殊需要,单纯的质量检验已经不能适应,美国组织数理统计专家到国防企业中去解决问题。这些专家广泛应用数理统计方法对生产过程进行分析,及时发现异常情况并采取针对性的措施预防不合格品产生,把质量管理从事后把关发展到事前控制,产生了显著效果,保证和改善了产品质量。这种方法后来得到全面推广,给企业带来巨额利润。但是,由于过于强调统计方法,使人误认为“质量管理就是统计方法,是统计学家的事情”,因而在一定程度上限制了统计质量控制方法的普及推广。

第三个阶段开始于20世纪60年代,也就是全面质量管理阶段。开始叫TQC,后来发展到TQM。最先起源于美国,后来一些工业发达国家开始推行,到60年代后期在日本又有了新的发展,取得了令世人震惊的效果。其基本特点是从事后检验和把关为主转变为预防和改进为主,从管结果变为管因素,把影响质量的诸因素查出来,抓住主要矛盾,动员全员参加,依靠科学管理的理论、程序和方法,让产品从研究设计、生产制造到售后服务的全过程都处于受控状态。全面质量管理的基本要求是“三全一多样”,也就是要求全员参加质量管理,质量管理的范围是产品质量产生、形成和实现的全过程,是全企业所有部门都要参与的质量管理,所采用的管理方法可以多种多样。其基本核心是强调通过提高人的工作质量来保证和提高产品质量,达到全面提高企业和社会经济效益的目的。

我国从20世纪80年代初开始引进全面质量管理,受计划经济的约束和影响,走过不少弯路,依然取得了很大成效。30多年来的实践已经证明,绝不能把全面质量管理仅仅看成是“三图一表”(因果图、排列图、控制图,措施计划表),“四大支柱”(质量教育、标准化、POCA循环、QC小组)之类。这样理解,不仅没有抓住全面质量管理的真谛,也难以真正收到成效,说不定还可能走进歧途。

对于企业领导来说,最重要的是要把握全面质量管理的基本指导思想。

8.2 系统思想

要理解全面质量管理就要有系统论的思维方法、系统论的哲学思想。事实上，正是美国在军工企业尝试建立质量管理（保证）体系的实践为系统论的形成提供了成功经验。反过来，系统论的思想又极大地促进了全面质量管理的发展。全面质量管理与系统论的这种先天性关系为我们深入理解全面质量管理提供了一条捷径。甚至可以说，只有具有系统思想才能真正理解全面质量管理。

所谓系统，就是一个相互作用和相互依赖的有机整体，具有集合性、相关性、目的性、适应性、整体性。产品质量的形成过程是一个大的系统，受人、机、料、法、环等各个子系统因素的影响。质量固然与技术有关，但绝不等于技术。技术水平先进、技术人员众多的企业并不一定就能够生产出高质量的产品。质量固然需要检验，但绝不是检验出来的，而是设计和生产出来的，任何一个环节出问题，都可能给质量造成损害。质量固然与操作者相关，但80%以上的质量问题都是因为管理的原因产生的，或者是通过管理的改善可以避免的。要解决质量问题，必须有系统的考虑。ISO 9000提出的质量管理八项原则之五就是“管理的系统方法”，标准要求：“将相互关联的过程作为一个体系来看待、理解和管理，有助于组织提高实现日标的有效性和效率。”

系统论要求我们从整体性、统一性去认识事物。全面质量管理的全面、全员、全企业的“三全”，实际上就是把企业的质量管理看作是一个系统，把质量问题作为一个系统问题，要求企业建立质量管理体系。在英语中，体系与系统是同一个单词system。没有系统思想，当然就不能理解质量管理体系，更不能理解全面质量管理。

一个企业产品质量不高、或者经常出质量问题、或者出重大质量事故，如果不从根本上去考虑，不从系统上去找原因，就不可能改变面貌，质量问题就会此伏彼起，让当企业领导的穷于应付。也就是说，有没有系统

知识篇

思想,善不善于从整体性、统一性去认识质量问题,去考虑质量管理体系要素是能否推行好全面质量管理的决定性因素。

但是,有的企业领导没有系统思想,总爱把质量当做具体的技术问题,缺乏通盘考虑。质量一旦出现问题就让质量管理部门去处理,让质量管理部门变成了“消防队”、“救火车”。而质量管理部门往往又就事论事,头痛医头,脚痛医脚,忙忙乱乱,结果这个月发生过的质量问题,下个月又继续发生,始终得不到根本解决。

从系统角度来考虑质量问题是企业领导的职责。如果企业真想推行全面质量管理,真想推行 ISO 9000,真想使企业的管理水平和产品质量上一个台阶,那么不妨花那么一天半日,对自己的经营思想、发展战略、管理原则和质量意识来一番检讨。通过检讨来确定新的质量方针,然后按新的质量方针去设计新的质量管理体系。这一步不走或走得不好,不管是搞全面质量管理还是推行 ISO 9000,难免困难重重,甚至劳而无功。

8.3 预防思想

虽然全面质量管理引进已经 30 多年了,但不少企业依然还把质量管理等同于检验。质量出了问题就考核检验人员,或者就增加检验频次或检验频率。许多工厂的 QC 部实际上是检验科。QC 是质量控制 Quality Control 的缩写。按 ISO 9000 给出的定义,质量控制是“质量管理的一部分,致力于满足质量要求”。检验当然是质量控制的一种,但绝不是全部。质量控制涉及从市场调研、产品开发开始,到包括采购、生产、检验、销售、售后服务等的整个生产经营过程。把 QC 等同于检验,反映了企业的质量管理还停留在检验把关阶段。

仅靠检验把关,虽然可以把不合格的产品拦住,但不合格品已经生产出来了,或者要返工返修,或者只有报废,浪费也就在所难免。全面质量管理强调预防为主的原则,就是为了改变检验把关为主的这种不足和缺陷。事实上,ISO 9000 就体现了这样的原则。

什么叫预防?预防就是“为消除潜在不合格或其他潜在不期望情况

的原因所采取的措施”。也就是说，采取预防措施是为了防止发生失误和错误。

不管是企业领导还是员工，都是人不是神。人有失足，马有漏蹄。不管什么人，不管做任何事情都可能犯错误、走弯路、产生失误。错误、弯路、失误其实就是不合格。能不能把事情做好，能不能使工作达到预期目标，能不能使工作或活动有效和有效率，很大程度上取决于防止或减少不合格，也就是预防。

要预防为主，对企业领导来说，关键在于思想上要重视。做任何事，更不要说质量工作了，都要先有一个思想准备，不能“做起来再说”。按照预防为主的原则，开展任何工作之前都要按规定先做好准备。如果连基本的生产条件都不具备，员工也没有基本的培训就匆匆忙忙投入生产，难免不出大问题。

要预防为主，还要针对可能出现的问题采取相应的措施，对生产经营的各个过程进行控制，特别是要对直接影响产品质量的人、机、料、法、环五大要素进行控制，确保符合规定要求，处于受控姿态，防止出现不合格。一旦出现异常，一旦发现问题，还要立即想办法解决，不能“管他三七二十一”，更不能等质量问题出现了才去“救火”。

预防当然需要投入，不仅是投入金钱，更重要的是投入工作。这种投入所带来的收益可能是看不见的，短期内也难以反映到财务账目上。这使一些企业领导认为那是“虚”的，是不必要的形式。的确，有时候，或者相当多的时候，不进行某种预防，不采取某项预防措施，可能也不出问题。但是一旦出了问题，损失就大了，可能数倍数十倍于投入的金钱和工作。正如酒后开车并不一定出车祸，但为何要禁止呢？因为出车祸的概率大，需要预防。

强调预防为主，并不否定检验把关。从宏观上看，检验把关也是一种预防，是为了防止不合格产品流到顾客手中，引起顾客索赔，丢失自己的市场。事实上，如果预防措施真正有效，适当减少检验频率或频次也是可行的。如果那样，将为企业减少一笔可观的费用，那也将大于支付的预防

费用。日本质量管理专家石川馨说过:“不赚钱的 TQC 不是真的 TQC。”其出发点之一就是预防可以降低损失成本和鉴定成本。

8.4 法治思想

不少企业对 ISO 9000 最头痛的,就是这儿要求“形成文件的程序”,那儿要求保存记录,更不用说要编制质量手册、质量计划、作业指导书之类了。有人把全面质量管理说成是“文山会海”,抛弃其夸大的部分,应当说这“山”这“海”还是需要的,特别是“文山”可能更不可少。

ISO 9000 的一个基本要求就是企业必须形成文件化的质量管理体系,这其实也是全面质量管理的一个基本要求。

文件实际上是制度,文件化也就是制度化。从现代管理学的观点看,制度是制约人们行为,调节人与人之间权益和职责矛盾的规则。文件化的制度是正式的理性化的制度,是必须强制性实施的,应当有相应的权力或机构来保证其落实,任何情况下、任何人都必须遵守,除非按规定程序修改,否则不允许任何人随意改变。只要是不符合规定要求,只要不满足规定要求,偏离规定要求或缺少规定要求都是不合格。而一旦不合格,除非采取纠正措施并进行验证,就不能认为已经满足 ISO 9000 的要求,就不能通过或保持有效的质量认证。

这样的要求体现了西方文化的法治特征。而法治恰恰是中华文化的薄弱环节。不能说我们的企业没有正式的规章制度,但是,这些的制度不仅不被企业领导重视,就是管理人员也不当一回事。使用者很少有兴趣去掌握这些正式的制度,他们掌握的往往是“师傅”“传帮带”得来的非正式要求。这些要求可能已经过时,甚至是错误的。即使掌握了正式的制度,往往因强调所谓的特殊而随时“改写”,甚至放弃。个别企业连产品标准、工艺规程、检验要求等也随意“灵活”,更不用说一般的管理文件了。

正式制度被弱化,只能依赖于人治。一人可以兴厂,一人也可以败家;大家都认真负责,质量可以保证;一旦有谁不负责任,质量就会出问题。这样的管理方法不可能使企业长期稳定地生产合格的产品。全面质量管理反对这种人治,它要求按规定程序办事,什么事都要按规定去做,不能随心所欲。按文件写的去做,而且还要记录,随时随地都可以提供“客观证据”。当然也可以“灵活”,但首先应分析“灵活”可能产生的后果,其次要采取相应的补救措施,而这两条事先就应写入正式的制度中。

不管是推行全面质量管理还是推行 ISO 9000;不管是建立质量管理体系还是编制质量手册,只要认真去做,应当说都不难,难就难在改变我们的人治观念。特别是对企业领导来说,是“依法”进行管理,还是让自己“从心所欲”;是按规定程序办事,还是根据自己的喜爱、情绪临时决定,往往是全面质量管理是否真正取得成效的一个关键问题。企业领导不仅要指导有关部门立法,制定相关制度和文件,更重要的是要以身作则,依“法”治理,不能随意推翻规定的程序和办法。只有坚持法治思想,将制度落实并保持下去,才能让企业的质量管理始终保持有序而不混乱。从这个意义上看,推行全面质量管理,推行 ISO 9000,对我们来说,无异于一场深刻的革命。

9 质量管理体系基本知识

9.1 ISO 9000 的来龙去脉

在人类历史上，20 世纪这 100 年是人类发展最快的 100 年。仅就企业对生产过程的管理来说，20 世纪初，大多数企业的管理方法还是原始的；几十年后就有了 ISO 9000，有了一个可供企业使用或借鉴的管理标准。即使站在历史的高度上来看，这种发展也是惊人的。

ISO 9000 总结提炼了各国质量管理的精华，统一了质量管理的原理、方法、程序，反映和发展了世界上技术先进、工业发达国家质量管理的实践经验。一发布，就在世界上引起很大反响，并得到世界各国的普遍承认，更有数不清的企业推行 ISO 9000 获得成功。ISO 副秘书长法韦尔博士曾说："ISO 9000 标准产生的影响是不容忽视的。它是目前 ISO 标准中销路最好、应用范围最广的标准。这一点是出乎我和秘书长意料之外的。"

ISO 是国际标准化组织（International Organization for Standardization）的缩写。在没有特别说明的情况下，说 ISO 9000，实际上就是指 ISO 9000 族国际标准。之所以称为族，是说以 ISO 9000 为序列的国际标准有很多个，成为一个系列。1987 年发布的第一版称为《质量管理与质量保证》国际标准，1994 年经重新修订后发布了第二版。2000 年发布的第三版，对标准的结构和内容进行了大幅修订，改称为《质量管理体系》国际标准。目前有效的是第四版，主要有三个标准：《ISO 9000 质量管理体系　基础和术语》、《ISO 19001 质量管理体系　要求》、《ISO 9004 组织持续成功管理——一种质量管理方法》。ISO 9000 主要提供质量管理体系的理论和术语;ISO 9001 主要用于指导企业建立和实施质量管理体系并用于认证;ISO 9004 提供质量管理方法,为企业实现持续成功提供指南。

的确,ISO 9000 的文化背景是西方的,与我们的文化背景有显著不同。中国的企业有自己的管理特点和自己的长处。但是,ISO 9000 的优点在于,它适用于不同的文化背景,不同的国家和不同的企业,只要严格按其规定去做,就能使企业获得效益,使质量处于受控状态。而且,推行 ISO 9000,不仅不会淹没企业固有的特点和长处,反而有利于发挥这些特点和长处的作用。这一点,已被不少企业所证实,而且还将继续被证实。

推行 ISO 9000,往往需要进行认证。认证的英文原意是一种出具证明文件的行动。企业生产的产品质量如何,企业是否具备持续生产合格产品的能力,往往不能由企业自说自话,而需要第三方通过考察、检查、审核、鉴定等方法来证实。当然,这个第三方应当具有相应的权威性,能够得到顾客和社会的充分信任。

9.2 ISO 9000 怎样提出问题

ISO 9000 给我们的不仅仅是一套质量管理体系的要求,而且是一种哲学,一种思维方法。如果你认真学习过 ISO 9000 并掌握了它,那么,对一个企业也好,对一个过程也好,你都会提出下面这一系列问题:

①规定了质量方针吗(不仅仅是书面的)?

②确定了质量目标吗(最好用具体的数字来表示)?

③编制了程序吗(最好是书面的)?

④对执行该程序的员工进行了培训吗?

⑤对执行该程序的过程进行了监督吗?

⑥对发现的问题采取了纠正措施吗?

⑦对纠正措施进行了验证吗?

⑧上述过程有质量记录吗?

⑨对质量记录进行过分析吗?

⑩对分析结果进行过评审吗？

上述问题可以简化表示如下：

方针→目标→程序→执行→监督→记录→分析→评审

企业的质量管理（其实任何其他管理都一样）就应按这样的思路来进行。这10个问题中，方针是最重要的，方针不确定或方针仅仅是说给顾客听的，就不可能起到指导作用。质量方针是企业总方针的一个组成部分。根据企业的质量方针，一个具体的过程也应有其具体的方针。例如采购，就应有“确保所采购的产品符合规定要求”的方针。在满足这个方针的前提下，还可以有价格较低、运输方便、供货及时等要求。当后者与前者发生矛盾时，就应当牺牲后者而满足前者，价格再低，但不合格就不该采购。这样的方针才是实实在在的。

在方针的指导下，还要制定目标。目标是方针的具体体现，是企业所期望的成果，是企业生产经营指向的终点，也是激励员工的重要要素。

根据方针目标的要求制定程序，也就是把一个较大的过程分解为较小的过程，并把这些较小的过程排队，形成规定的途径。事实上，相当多的质量问题都是由于过程混乱，先做什么后做什么不明确或搞错了而产生的。例如炒菜，还未点火就倒油就倒菜，菜就不好吃。不违反、不打乱、不跨越规定的程序，是确保过程质量的前提。例如，开发产品时不按规定程序办，还未进行可靠性试验，就匆匆投放市场，哪能不打黑自己的招牌呢？

然后是执行。要使程序落实就必须有责任人。企业没有健全的组织机构，不形成明确的权力系统，程序再好也难以执行。

再后是记录以及对记录的分析和评审。通过这个阶段可以发现方针是否正确，程序是否得当，执行是否认真。把发现的问题反馈回去，修改或改进方针、程序和执行，可以改进质量，使整个工作质量提高一步。

ISO9000的思维方法是建立在唯物的、实证的哲学基础上的。不掌握这种思维方法，哪怕你把ISO9000背得个滚瓜烂熟，也难以掌握其精髓。对企业领导来说，首先就要掌握这样一种思维方法，在思想上来一场革命。

9.3 质量管理体系是什么东西

讲ISO9000就不能不涉及质量管理体系。那么,什么是质量管理体系呢?按标准给出的定义,质量管理体系就是在质量方面指挥和控制组织的管理体系,也就是建立质量方针和质量目标并实现这些质量目标的体系。

标准指出:"质量管理体系方法鼓励组织分析顾客要求,规定相关的过程并使其持续受控,以实现顾客能接受的产品。质量管理体系能提供持续改进的框架,以增加顾客和其他相关方满意的机会。质量管理体系还就组织能够提供持续满足要求的产品,向组织及其顾客提供信任。"

标准还给出了建立和实施质量管理体系的方法:

①确定顾客和其他相关方的需求和期望;

②建立组织的质量方针和质量目标;

③确定实现质量目标必需的过程和职责;

④确定和提供实现质量目标必需的资源;

⑤规定测量每个过程的有效性和效率的方法;

⑥应用这些测量方法确定每个过程的有效性和效率;

⑦确定防止不合格并消除产生原因的措施;

⑧建立和应用持续改进质量管理体系的过程。

这样的方法不仅适用于建立和实施质量管理体系,也适用于保持和改进现有的质量管理体系。标准指出:"采用上述方法的组织能对其过程能力和产品质量树立信心,为持续改进提供基础,从而增进顾客和其他相关方满意并使组织成功。"

质量管理体系是以产品质量形成的过程为基础的,如图6所示,可以分为四个大的部分:一是管理职责;二是资源管理;三是产品实现的过程;四是测量、分析和改进。

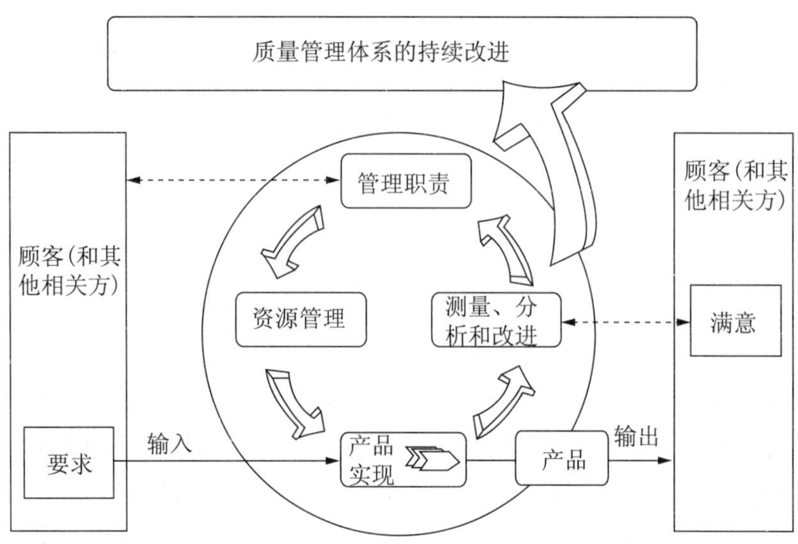

图6　以过程为基础的质量管理体系

质量管理总有一大堆事,这些事总要有人去做,也就是质量职能及其分配。建立质量管理体系,首先碰到的就是这个问题。该管的不管,不该管的偏去管,有利的争着管,无利的都不管,质量怎能保证?因此,建立和实施质量管理体系,首先要确定质量职能,调整组织机构,分配质量职能,落实职责和权限。这中间最重要的管理职责就是企业领导的,包括制定质量方针,确定质量目标等。

要保证产品质量,要进行质量管理,总是需要相应的资源,包括人力资源和物力资源。人力资源不仅仅是人,而且指人所具有的质量意识、专业技能。物力资源包括企业的各种设施设备、工作环境、财务资源等。没有充分并且适宜的基本资源,质量管理体系就得不到支撑,也就无法运行,甚至不可能存在。

产品实现的过程,实际上就是产品质量形成的过程,涉及产品寿命周期的所有阶段。这样的产品寿命周期阶段,不同的企业、不同的产品,可能有所不同,但一般都应当有:①产品实现的策划;②与顾客有关的过程;③设计和开发;④采购;⑤生产或服务提供;⑥监视和测量装置的控制。

产品生产出来了，提供给顾客了，质量如何，顾客是否满意，还需要进行测量和分析。对发现的问题和潜在的问题，还要采取纠正和预防措施，不断进行改进，从而使质量管理体系能够不断向上提升。

体系(system)又可以称为系统。也就是说，质量管理体系的四大基本要素必须形成一个完整的统一的整体，而不是各行其是。这就需要有人来协调，有文件来规范，从而产生对管理者代表(质量管理部门)和质量手册的需要。一些企业领导把质量管理等同于检验，殊不知检验仅仅是其中一个过程，而质量管理所涉及的包括检验的所有过程，其职责要复杂得多，其所需的权限也要大得多。任命管理者代表，设置质量管理部门，是建立质量管理体系必不可少的一步。质量管理是一门专业，企业应当培养这方面的人才。

9.4 如何使用 ISO 9000

ISO 9000 有几大优点：一是"本标准规定的所有要求是通用的，旨在适用于各种类型、不同规模和提供不同产品的组织。"也就是说，ISO 9000 适用于任何企业。二是"由于组织及其产品的性质导致本标准的任何要求不适用时，可以考虑对其进行删减。"也就是说，企业可以根据实际情况决定采用的质量管理体系的深度。三是"本标准能用于内部和外部(包括认证机构)评定组织满足顾客、适用于产品的法律法规要求和组织自身要求的能力。"也就是说，质量管理体系要素的证实可以根据实际情况采用不同的方法。

开始时，ISO 9000 只是针对企业，而且主要是针对生产企业的。1987 年版和 1994 年版都给出了三种质量保证模式，例如 ISO 9001:1994 就是《质量体系 设计、开发、生产、安装和服务的质量保证模式》。显然，这只是针对生产企业的。随着 ISO 9000 被越来越多的其他组织，包括政府机关、民间团体之类的组织所采用，世界标准化组织也就对标准进行了根本性的修订。如今，ISO 9000 的适用范围扩大到所有的组织。不管是什么

企业，不管企业的性质、类型、规模、提供的产品有什么不同，都可以使用ISO 9000。

其次是采用的深度，包括两个方面：一是对子要素的选择和剪裁；二是要求详略、程序的繁简和规定的宽严。不过，标准规定："除非删减仅限于本标准第7章中那些不影响组织提供满足顾客和适用法律法规要求的产品的能力或责任的要求，否则不能声称符合本标准。"也就是说，只允许删减第7章即"产品实现"的内容，这点好理解，无需多说。我们着重说说第二点：产品复杂、安全性要求高或者员工多、规模大的企业，要求一般多一些、详细一些，程序可能繁杂一些，规定则应严格一些；反之，则少一些、简单一些、宽松一些。一个生产塑料产品的企业，其不合格品控制的要求、程序和规定绝不能与生产飞机的企业等同。有的企业把所有文件和资料（甚至包括政治宣传资料）都纳入到质量管理体系控制中来，这显然是不恰当的。需要严加控制的是与质量管理体系活动有关的，并且是企业自己编制的文件和资料，其中最主要的是技术文件。采用的深度是企业自己决定的，要求和程序是企业自己写的，何苦要将自己的手脚捆那么紧呢？没有必要的过分复杂的控制程序，不仅徒增成本，而且很可能影响质量管理体系的实际运行，甚至可能影响产品质量。企业在使用ISO 9000时，一定不要互相攀比、生搬硬套。那种到别的企业去抄一套文件来搞ISO 9000的办法是行不通的。

最后是证实的方式。质量管理体系的证实可以使顾客、政府或社会以及企业管理者对质量体系的适宜性，对产品符合规定要求的能力产生信任。证实的方法有多种：①企业的符合声明（自我宣布合格）；②提供基本的文件化的证据；③提供由其他顾客认定或注册的证据；④由顾客审核；⑤由第三方（一般指认证公司）审核；⑥提供有资格的第三方认证的证据。企业选择哪种方法，应根据顾客的要求、政府的规定以及企业的具体情况来确定，其原则是哪种简单、花钱最少，就选择哪种，不一定非要去申请认证注册。如果政府或你的顾客并未规定或要求必须经第三方认证注册，只要企业认真推行 ISO 9000，通过内部审核，确定自己的质量管理体系已经符合要求，也可以“自我宣布合格”，大可不必去申请认证注册。当然，目前没有认证注册要求，谁能担保以后就没有呢？只要你认真按 ISO 9000 执行了，认证审核只是一个过程，很容易通过的。因此，根本是认真推行，建立和保持企业的质量管理体系。

10 认证、审核和评审知识

10.1 认证审核

质量审核包括内部审核和接受外部审核，我们先说外部审核。

推行 ISO 9000，虽然可以自我宣布合格，但绝大多数企业都是为了认证注册。为了认证，就必须请第三方（一般是认证公司）来进行审核。审核通过了，认证公司就会将你的企业名称记在公司的备忘录上，同时发给你一本证书。凭着这样的证书，你就可以向顾客、向社会宣传，你的企业质量管理体系是适宜的并且是有效的。

有的行业可能还有第二方（也就是顾客方）的认证，例如你的企业要为别的企业提供原料、材料或配件之类，那家企业就可能要求你建立质量管理体系，然后派人来进行审核，看你达没达到规定要求。达到了，就给你备一个案在那儿，让你有资格当他的供方。

如果你的企业生产的产品特殊，必须取得政府颁发的生产许可证或出口产品质量许可证，政府也会委托第三方，由专门的审核人员按照规定的要求来对你的企业质量管理体系进行审核。审核没有通过，许可证就拿不到，你也就没有生产权或出品权。

目前，不管是第二方审核还是第三方审核，一般都采用 ISO 9001 作为审核的准则，有的行业，例如食品、医药、汽车、军工等特殊行业，可能还会增加一些特殊的要求。

可能正是因为如此，一说到质量，一说到 ISO 9000，人们往往就会和审核、认证和注册联系在一起，好像推行 ISO 9000 和申请认证注册是一回事。这实际上是一种误解。有的企业甚至本末倒置,为认证而认证,走过场,搞形式,混过认证审核后一切又恢复原样。其实,认证审核仅仅是证实一种方法。推行 ISO 9000 是为了提升企业的质量管理水平,是为企业增加后劲,过分强调认证注册将把企业引向歧路。

虽说如此,在质量竞争日益激烈的市场中,企业往往又不能不引入 ISO 9000,甚至不能不申请认证注册。据不完全统计,我国企业已经获得 30 多万张 ISO 9001 认证证书,占世界的 30%,连续多年位居世界第一。其中绝大多数企业都认为,通过推行 ISO 9000,企业获得了实实在在的好处。

认证注册是企业的一件大事,企业领导不能不参与,当然也就必须了解一些最基本的审核认证知识。

认证一词的英文原意是一种出具证明文件的行动,往往是“由可以充分信任的第三方证实某一经鉴定的产品或服务符合特定标准或规范性文件的活动”。企业要通过认证,就必须接受审核。所谓审核,按 ISO 9000的说法就是“为获得审核证据并对其进行客观的评价,以确定满足审核准则的程度所进行的系统的、独立的并形成文件的过程”。说白一点,审核就是通过检查,将检查的结果去对照审核的准则,看是否满足了准则的要求。

一般来说,申请 ISO 9000 认证之前,企业就要建立起符合 ISO 9001 要求的质量管理体系并使其运行,并且通过内部审核证实其有效,能够保证产品质量稳定。认证机构接到申请后,首先要对企业的质量手册等重要的质量文件进行审核,然后再派审核组进入企业,对现场进行检查审核。如果发现重大不符合项(不符合规定要求的事项),企业还要采取纠正措施,取得效果后再请认证机构重新检查审核,直到认证机构认为符合要求了才会发给认证注册证书。

在这个过程中,企业领导虽然不必全程参与,但必须给予高度关注,随时做出决策,以确保顺利通过审核认证。

10.2 内部审核

内部审核不仅是外部审核的基础，而且是质量管理体系能够正常运行的必要条件。

质量管理体系建立了、运行了，但是否有效，我们心中可能没有底，这就要靠内部审核来确定。在 ISO 9000 中，内部审核是一个重要的质量管理体系要素。ISO 9001 规定：组织应按策划的时间间隔进行内部审核，以确定质量管理体系是否：a）符合策划的安排、本标准的要求以及组织所确定的质量管理体系的要求；b）得到有效实施与保持。当企业管理混乱、不审核不检查就可以发现大量的不合格（不符合）项时，内部审核可能难以表现出其作用来。当企业按 ISO 9000 建立质量管理体系并取得一定成效后，内部审核的意义和作用就会凸显出来。内部审核往往是企业实施质量改进的前提。

内部审核虽然离不开我们通常所说的检查，但不等于那样的检查，而是一项要求更高、专业性更强的工作，参加审核的人甚至还需要取得内审员资格证书。因此，一些企业即使开展了内部审核，往往也满足于形式和过场，可能并没有取得应有的实效。事实上，即使是外部审核，走过场的事也并非绝无仅有。“酒杯一端，政策放宽。”外审员不负责，企业又怕被揭短，使审核得不到应有的真实性保障，其作用也就有限。

必须明白，不管是外部审核还是内部审核，其根本目的都不是为了过一个关而已，而是通过审核把握质量管理体系的真实情况，并从中发现问题，以便于进行改进，促使企业质量管理水平提高。因此，企业一定要把住内部审核这一关，认真地、严格地、独立地进行审核，发现不合格绝不能掩饰，该揭短的一定要揭，以促使企业采取纠正措施，进行质量改进，从而提高质量管理体系的有效性。

内部审核包括产品质量审核、过程质量审核、服务质量审核、质量管理体系审核等多种。前三种因专业性较强，且不同企业其审核的要求和方法有所不同，暂不论。按 ISO 9000 的要求，质量管理体系审核应注意以下几个方面,才能使其取得成效。

①制定审核计划。每年企业都应当制定质量工作计划,计划中都应安排内部审核。也就是说,内部审核应定期进行,其中质量管理体系审核每年至少应进行一次。必要时,例如合同有要求时、企业机构作重大调整后、外部审核进行之前,还应在计划外增加内部审核。

②审核人员。参加内部审核的人员虽然不一定就要获取内审员资格证书,但也要满足以下三点要求:一是要经过必要的培训;二是要有企业最高管理者的授权;三是要与所审核的对象、所审核的活动无直接责任。

③审核清单。实施审核之前,审核员一定要按有关文件规定,列出要审核的部门、人员、项目,包括现场、文件、记录等清单,并确定判定合格与否的标准,力求审核的客观性。

④检查与记录。审核员按清单检查,并将检查结果记录在预先准备好的表格内。审核时要运用各种审核方法和技巧,收集审核证据,得出审核发现并进行分析判断,开具不合格项报告。审核的主要方法,一是"拿文件来",看是否制定了相应的文件(计划、程序等),文件是否满足了规定要求;二是"拿记录来",看是否按文件规定执行了,记录是否真实、完整;三是到现场,通过看、问、听、查以及实物检验等方式,看是否满足了规定要求。为保证审核结果客观和公正,应让审核结果与受审核部门的有关人员见面,允许他们提出异议,如有差错应更改。

⑤纠正措施。对发现的问题,受审核部门的管理人员应及时制定并实施纠正措施。

⑥跟踪。审核结束,还应对审核活动进行跟踪,验证和记录采取纠止措施的实施情况及其有效性,以消除不合格项,确保合格。

质量管理体系是一个大系统,不管是外部审核还是内部审核,由于时间和人员的限制,要在较短时间内完成审核工作,只能采取抽样检查的办法,包括抽取一定数量的体系文件、质量记录,询问一定数量的人员,抽查若干台设备,观察若干个过程等。这种以少量样本的审核结果来描述一个完整质量管理体系的审核方法必然具有风险性。也就是说,审核得到

的结论，有时并不一定就能真实、客观地反映企业质量管理体系的实际情况。因此，在审核过程中必须以科学的方法、严谨的态度，采用随机抽样的方法并进行综合分析，尽可能地减少审核风险。

10.3 管理评审

所谓评审，就是"为确定主题事项达到规定目标的适宜性、充分性和有效性所进行的活动"。ISO 9001 规定："最高管理者应按策划的时间间隔评审质量管理体系，以确保其持续的适宜性、充分性和有效性。"

企业建立的质量管理体系难免出现这样或那样考虑不周全的问题，有的可能是过程未得到充分展开，有的可能是职责或接口关系规定不明确，有的是资源配置不合理，有的是控制要求不落实，从而使相关过程未能协调有效地受控和运行。同时，企业所处的客观环境，包括内部环境和外部环境都是在不断地变化着的。例如，法律法规有了新的要求，顾客对产品的需求有了变化，企业的组织人事有了变动，产品升级换代了，工艺路线调整了，设备更新了，等等，这些都可能影响质量管理体系的有效性。针对内外部环境变化及时评价质量方针、质量目标及质量管理体系的持续适宜性也就十分必要。

通过管理评审，企业领导可以全面检查和评价企业的质量方针、质量目标及质量管理体系的适宜性、有效性和充分性，找出质量管理体系运行中需要提高和改进的方面和环节，从而制定切实可行的纠正措施，不断提高企业的质量管理能力和质量竞争能力。

管理评审是企业领导为了解、促进、改进质量管理体系运行的主动行为，要搞好管理评审，关键在最高管理者。只有最高管理者真正了解管理评审的意义，真正重视了，才能主动进行。否则，即使形式上进行了，也只是走一个过场。

为使管理评审有计划、有步骤地进行并达到预期的效果和目的，评审前，质量管理部门在征求最高管理者的意见后，要列出本次评审的内容、时间、地点及需要各部门输入的信息资料。

一般情况下应有以下一些输入信息：一是内部或外部审核的结果；二是质量管理体系运行情况及改进意见，包括质量方针、质量目标的实现情况，质量目标修订建议和依据，质量管理体系运行中长期存在的问题或系统性问题，质量管理体系文件的符合性和可操作性，文件修改的依据和建议等；三是产品实物的质量信息；四是不合格品分布情况及处理情况信息；五是纠正和预防措施的分析、实施及验证情况；六是服务信息，包括合同履约率、顾客满意度及不满意度、顾客投诉的处理等；七是企业组织机构设置、资源配置状况信息，包括人员、设备、办公环境等；八是上次管理评审提出的改进措施实施情况及验证的信息。当然，由于评审的目的不同，上述这些信息也可以增删，不必求多求全。

各部门接到任务后，在汇总、分析正常管理资料的基础上编写相应的文件材料，所提供的信息材料不能就事论事，而要抓住问题的关键和实质。例如，在提交产品实物质量信息材料时，不能简单地列出数据，而应通过加工和分析，提供合格产品、优良产品的比例以及产品质量是否能实现质量方针和质量目标的初步判断；与前期产品质量对比，发现需要调整和改进建议的依据等。这样，最高管理者才能准确判断产品实物质量的优劣，以及质量目标的适宜性和有效性。

管理评审毕竟是由企业最高管理者主持的，不可能经常进行。因此，要解决的不是一般的质量问题，而是影响产品质量的关键问题、长期存在的质量问题、质量管理体系运行中的系统问题之类对企业生产经营发生重要影响的问题。这些问题，有些是受内部或外部因素的影响而难以解决的，有些是需要较大投入才能解决的问题。最高管理者应根据企业自身的能力和需要，协调内外部因素，采取纠正措施，解决内部存在的问题。

管理评审不仅仅是找问题的会议，找出问题只是第一步，关键还在针对找出的问题制定纠正措施。纠正措施要切合实际，具有可操作性，并确保得到有效的实施。因此，对于那些长期存在的问题或系统性问题，有时不能急于求成，可以分期采取纠正措施。

纠正措施制定出来后是否真的实施了，实施获得的效果如何，还需要进行验证。实施也好、验证也好,都必须有责任部门和责任人。没有实施或没有进行验证,就要追究责任人的责任。

纠正措施的实施情况和验证结果,还要成为下一次管理评审的内容,直到最高管理者认可了实施效果才能宣告此项改进结束。

通过管理评审,不断地解决影响质量管理体系存在的系统问题和长期存在的问题,企业的质量管理体系才能得以完善和提高,才能更好地反映出企业质量管理体系的自我完善和自我提高的能力,才能反映最高管理者提高质量的决心,管理评审也才真正是有效的。

小结:建立质量知识框架

知识者,一是知,就是要知道,要知晓;二是识,就是要认识,能辨别;这都离不开记忆。虽然人的大脑可以储存的知识可能是无穷的,但实际上任何一个人能够记忆的东西(包括知识)却是有限的。不信,你试试,看能否一口气就说出3 000个人名来,肯定不行的。

企业领导要维持整个企业的生存和发展,不仅要负责质量管理工作,而且还有其他工作,需要掌握的知识也就很多。如果要求企业领导把这些知识都能背得个滚瓜烂熟,显然是不现实的。其实,我们不管学哪门知识,虽然应当尽可能多记得一些诸如概念、原理之类,但并不需要把所有的定义、定理都背下来,特别是不需要一定去记住那些法律条文、具体要求之类的东西,不需要把我们的大脑变成一个书柜。如今有了电脑,有了手机,有了网络,绝大多数知识一上网就可以查到,何必要去死记硬背?

重要的是,要建立一个知识结构框架。本篇(甚至本书)为企业领导提供的质量管理知识,就是为了建立这样的框架。在市场经济条件下,企业的生产经营(当然包括产品质量)必须依法、合法、不违法,因此就要有一定的质量法律知识。不论是确保产品质量还是提高产品质量,既然都是为了赚钱,那就不能不知道一些质量经济和质量成本知识。质量管理已经发展到全面质量管理了,当然就要知道这个“全”是怎么一回事。企业要推行全面质量管理,也就要建立质量管理体系,如果对ISO9000一点也不知道,你就无从下手。要让你的质量管理体系真正取得成效,你就要去监督、审核和评审,这方面的知识可以增强你的管理能力和管理水平,你不掌握个大概,肯定不行。

任何一门知识，可能都是汪洋大海，任何人跳进去，都可能被淹没。质量管理作为一门专业，也是这样一个大海。对企业领导来说，一是要知道有这样一个大海，二是要了解这个大海的基本状况，三是要把握这个大海的航线。至于这个大海中哪儿水深一些、哪儿水浅一些，让给水手们去把握，或者让水手测量后报告上来吧。

但愿本篇（甚至本书）能够为企业领导建立这样的知识框架提供一点帮助。

工 作 篇

企业领导，特别是作为企业最高管理者的厂长、经理，肯定承担着很多职责，有很多工作要做，有很多事情要管，不可能把全部或绝大部分精力都放在质量管理上。正因为如此，ISO9000 才要求“最高管理者应在本组织管理层中指定一名成员”，作为管理者代表。但是，质量毕竟是企业的生命，质量管理毕竟是企业管理的纲，不管企业领导是专门管理某一个方面的工作还是负责全面的工作，都不可能与质量、与质量管理完全脱离干系，都需要在质量管理方面承担相应的职责。作为企业法人，厂长、经理是产品质量的直接责任人，更应当把质量管理作为自己的主要工作，绝不能在质量管理上当甩手掌柜，把一切有关质量的事全部丢给管理者代表。

当然，厂长、经理事情那么多，不可能事无巨细都来管，具体的质量管理工作还需要通过授权，让管理者代表和质量管理部门去管。那么这就有了一个问题，在质量方面，厂长、经理应当管什么？或者说，应当做哪些事？

ISO9000 提出的质量管理八项原则的第二项就是“领导作

用”。标准规定:“领导者应确保组织的目的与方向一致。他们应当创造并保持良好的内部环境,使员工能充分参与实现组织目标的活动。”

标准还规定了最高管理者在质量管理体系中的九条作用:

a)制定并保持组织的质量方针和质量目标;

b)通过在整个组织内宣传质量方针促进质量目标的实现,增强员工的意识、积极性和参与程度;

c)确保整个组织关注顾客要求;

d)确保实施适宜的过程,以满足顾客和其他相关方要求并实现质量目标;

e)确保建立、实施和保持一个有效和高效的质量管理体系以实现这些质量目标;

f)确保获得必要资源;

g)定期评审质量管理体系;

h)决定有关质量方针和质量目标的措施;

i)决定改进质量管理体系的措施。

在ISO9001中,对最高管理者的一系列质量职责还进行了明确规定。

综合标准的规定,结合企业的实际情况,我们可以把企业领导的质量职责或质量工作归纳为五个方面:一是把握质量方向;二是分配质量职责;三是掌管资源供给;四是创造良好环境;五是促进持续改进。

11 把握质量方向

所谓方向,就是前进的目标。对企业领导来说,把握质量方向是战略性的职责。方向错了,满盘皆输。具体说来,企业领导要把握质量方向,就要做好以下几项工作。

11.1 制定质量战略

正如我们在定义质量时说过的,质量具有战略性的意义,因而企业应当制定自己的质量战略。所谓质量战略,就是企业在质量问题上的带全局性、长期性、根本性的一种谋划,是对企业质量工作进行的长期规划,是为实现这样的规划而确定的应当长期采用的策略。

质量战略虽然只是企业经营战略的一个组成部分,但因为质量是企业生产经营的核心问题,质量战略往往也就成为企业经营战略的核心,甚至可以代替企业的经营战略。

制定质量战略肯定是企业领导的事了。

ISO 9001 的规定:“采用质量管理体系是组织的一项战略性决策。一个组织质量管理体系的设计和实施受下列因素的影响:a)组织的环境、该环境的变化以及与该环境有关的风险;b)组织不断变化的需求;c)组织的具体目标;d)组织所提供的产品;e)组织所采用的过程;f)组织的规模和组织的结构。”

虽然这只是针对设计和实施质量管理体系来说的,制定质量战略也应当认真考虑这些因素,其中最主要是三个方面。

(1)相关方的需求和期望

相关方是“与组织的业绩或成就有利益关系的个人或团体”,包括企业的顾客、所有者、员工、供方、社会五个方面的个人或团体。由于有“利益关系”,他们就会对企业的业绩或成就加以关注,也就是说他们对企业有自己的需求和期望。当企业的行为影响了他们的利益时,他们就会站出来进行干预,从而影响企业的行为。实际上,企业的环境就是指的相关方,环境的变化就是指相关方的需求和期望的变化。

顾客、所有者、员工、供方、社会与企业的“利益关系”有所不同,有的直接,有的间接,有的是这样的需求和期望,有的有那样的需求和期望。他们的需求和期望可能存在着矛盾,甚至可能存在着冲突。但是,企业却不能漠视他们的需求和期望,否则就会引起他们的反对,迫使企业纠正。例如,企业如果不能满足员工的需求和期望,员工就可能采取怠工、罢工或辞职等行动。企业如果不能满足政府的需求和期望(体现在相关的法律法规、产品政策中),政府就会运用法律的、行政的各种手段,强迫企业遵守。企业如果不能满足供方的需求和期望,供方就会停止供货。

在五个方面的相关方中,最重要的是顾客,包括购买者和使用者(二者不一定就是同一的,例如汽车的购买者可能是出租车公司,使用者是司机和乘客)。为了获得产品,顾客支付了购买费用。如果产品不能给顾客提供他预期的劳务,甚至给顾客造成损害,顾客就会拒绝购买,使企业的产品卖不出去而难以为继。

在制定质量战略时,企业应当识别所有相关方的需求和期望,兼顾不同相关方的需求和期望,并将所有相关方的需求和期望转化为具体的要求,认真加以考虑。

(2)利益、成本和风险

企业的质量战略,最终目的是为了给企业、顾客和其他相关方带来直接的利益。但是,质量是需要支付成本的,而且质量又具有的风险特征。如何把握利益、成本和风险就成为一个很重要的问题。

同时,企业与顾客之间、企业与其他相关方之间、相关方之间也存在着不同的利益需求，有的甚至是矛盾的。在一定的条件下，产品质量能够提供的利益或效益往往又是固定的，此方增加了利益或效益，彼方就会减少利益或效益，这又存在着一个质量效益的分配问题。企业在制定质量战略时，首先应当充分考虑自身的利益、成本和风险，最大限度地去谋求三者之间的平衡。同时，还要考虑顾客和其他相关方的利益、成本和风险，在自身的利益、成本和风险平衡的基础上，最大限度地去谋求顾客和其他相关方的利益、成本和风险的平衡。

为此，就要认真分析企业、顾客和其他相关方的利益、成本和风险，尽可能降低成本和风险，尽可能提升利益。

(3) 企业自身的能力

企业要制定的质量战略绝不能"空对空"，而必须充分考虑企业自身的能力，包括企业的规模和结构、产品类别和过程特征等。

有一段时间，很多企业都在制定经营发展战略，动辄就要做"中国第一"，动辄就要进入"世界五百强"。一些年销售额只有几百万元的企业竟然也想创"世界名牌"。这样的战略可能是企业的广告宣传，但如果真的要实施，对企业不仅没有好处，甚至有害。

质量战略只能建立在自身能力的基础上，根据国内外市场近期和远期需求变化的趋势、国内外产品质量提高的动向、国家在一定时期对产品质量目标的要求和产品质量监督政策，结合企业总体战略目标的要求来制定。

质量战略要涉及产品或产品发展的方向，更不能脱离企业的自身能力，特别是产品的开发能力和生产条件。如果信奉"打一枪换个地方"的策略，今天生产发动机，明天生产洗衣机，看到房地产市场火了，又一窝蜂投入进去。这样的企业可能赚钱于一时，却没有前途。制定这样的质量战略也就没有任何意义。

面对变化万端、竞争日趋激烈的市场，企业需要不断开发新产品。但是，开发新产品也不能脱离企业的自身条件，特别是不能脱离企业正在生产的产品。如果完全脱离，那就可能等于新建一家企业了，技术、工艺、设

备、员工可能都需要改变,需要新添,需要重新设计,需要重新培训。这当然也是可以的,但需要更多的投入。对绝大多数企业来说,这不仅不必要,而且也做不到。

谁都知道名牌可以赚钱,但并不是所有的企业都可以创出名牌来。名牌是消费者能够记住并真心认可的品牌。在成千上万的品牌中,消费者能够真正记住的毕竟不多。因此,名牌实际上是一种非常稀缺的资源。企业没有相应的能力,却要把创名牌作为自己的质量战略,岂不笑话?事实上,这样的笑话却经常在发生,这样的质量战略也是没有意义的。

总之,企业领导在制定质量战略中,必须充分考虑企业自身的质量竞争条件,必须对所处的市场竞争环境以及今后的发展趋势做出正确的预测,才能使质量战略对企业的发展真正起到作用,从而推动企业的技术进步,推动企业的产品开发,推动企业质量管理水平的提升,推动企业拓展市场、提高效益,为社会做出更大的贡献。

11.2　制定质量方针

制定了质量战略,还要制定质量方针。所谓质量方针,实际上就是实施质量战略的策略,甚至可以说就是质量战略的一部分,是质量战略中为实现战略目标而确定的应当长期采用的策略。如果企业已经制定了质量战略,那么只需要将质量战略中有关的策略单独列出来,进行必要的文字整理就可以成为质量方针了。如果企业没有制定质量战略,那么制定质量方针也需要像制定质量战略那样的程序,通过认真分析企业的内外环境(特别是顾客的需求和期望),根据ISO 9000提出的质量管理八项原则的要求,结合企业的自身情况来制定。

按ISO 9000的定义,质量方针是"由组织的最高管理者正式发布的关于质量方面的全部意图和方向"。ISO 9000规定的最高管理者的职责,最重要的就是制定并保持质量方针。企业的质量方针是由企业领导提出来的,往往反映了企业领导的质量理念和对质量的认识。因此,在制定质量方针时,企业领导首先要对自己的经营思想进行清理,真正把质量放在企业生产经营的首要位置，坚持质量第一的价值观。

但是，不少企业对质量方针的认识相当肤浅，要推行 ISO 9000 了，必须要一个质量方针，于是便让秘书什么的按照别人的模式，随意编成几句话，就算完成了质量方针的制定。至于这样的质量方针是否能够真正指导企业对质量问题的处理，几乎很少考虑过。于是，我们在企业的质量手册上往往看到的是千篇一律的质量方针，没有企业的特色，往往起不到“宗旨”和“方向”的作用，形同虚设。

质量方针的本质是企业在处理质量问题时实际遵循的原则。这样的原则可以体现为企业正式的、实际上实施的质量方针，也可能仅仅是企业大多数成员（特别是企业领导）遵循的心照不宣的潜规则。如果企业正式的质量方针与潜规则不相符合，正式的质量方针往往就形同虚设。只有与潜规则相符合的质量方针才是企业实际实施的质量方针，也才能真正起到质量方针的作用。那种仅仅为了制定出来给别人看的质量方针，不仅与质量战略无关，而且与潜规则也不相符合，因而几乎起不到实际作用。

不管是否制定过、发布过，任何企业实际上都有自己的质量方针，只不过大多是潜规则的质量方针，或者说执行的是这种潜规则的质量方针。从心理学角度看，一个正式的质量方针可以为企业确定“关于质量方面的全部意图和方向”，可以为企业成员规范质量理念、提高质量意识提供样板，可以为企业处理相关质量问题提供原则或规则，在质量管理中具有相当重要的作用。因此，企业还是应当制定一个正式的质量方针，用其来增强员工（首先是企业领导）的质量意识，来规范员工（首先也是企业领导）的质量行为。

11.3 制定质量目标

按 ISO 9000 的定义，质量目标是组织“在质量方面所追求的目的”，通常是“依据组织的质量方针”制定的，实际上就是质量方针的具体体现。如果说质量方针指的是方向，那么质量目标就是该方向上某一个或

某几个目标点。如果说质量方针是一种策略,那么质量目标就是这种策略要达到的目的。如果说质量方针是企业质量行为的准则,那么质量目标就是企业质量行为的目标。如果说质量方针可能是原则性的规定,那么质量目标就是具体的定量化的数字。

一般来说,一家企业只需要一个质量方针,而质量目标却可能有若干个,例如可以有产品质量目标(还可以分解为诸如质量水平、质量损失、质量效益等多个目标),也可以有质量管理目标;可以有短期目标,也可以有中期、长期目标。质量目标还可以进行分解,把企业的质量目标层层分解到部门、车间、班组和员工头上,从而保证企业能够按时全面实现总的质量目标。

制定质量目标不能脱离质量方针,更不能脱离实际,要在分析现有质量水平的基础上来进行。脱离现实,好高骛远,难以实现,就会失去意义,成为虚假目标。与现有水平相等,又起不到激励作用。质量目标要定在经过努力(包括进行持续改进)可以达到的水平上,既要高于现有水平,又不能脱离现有水平,过高或过低都不妥。

古话说:“求乎上,得乎中;求乎中,得乎下;求乎下,无所得。”所谓“求”,就是目标。质量目标对员工具有激励作用、示范作用、导向作用和凝聚作用。质量目标越具体,与企业与员工的切身利益越相关,这些作用也就越明显越大。

首先,质量目标可以激励员工,使他们精神振奋、斗志昂扬、士气高涨。从心理学角度看,目标能够增强人的信心,“逼迫”人下决心。质量目标通过层层分解,落实到每个员工头上,使员工看到了完成质量目标与自己切身利益的关系,看到了质量目标与质量方针的关系,于是就能下决心去完成这个目标。这样,员工的精神就会得到激励,从而表现出昂扬的士气来。

其次,质量目标可以给员工作一个示范,使员工明白什么是应该做的,什么是不可以做的,以及自己的工作要达到什么目标,从而使员工用质量目标来规范自己的行为。这种规范也是一种限制,也就是促使员工去规避、去限制自己与实现质量目标相背离的行为。质量目标通过员工的意志过程,促使员工去实施达到目标的措施,去规避与达到目标不相符的做法,而且质量目标还“逼迫”员工坚持这样做下去,使员工具有完成质量目标的意志。

再次,质量目标对员工的个人目标具有导向作用,鼓励他们将自己的个人目标与质量目标挂钩,甚至统一起来。任何员工都有自己的人生目标。人生目标是在人生方针指导下确定的,不过有的员工目标明确、目标远大,有的员工目标不太明确、不太远大。在人生的各个阶段,人生目标也可能发生变化,人生目标往往是处于不断修正的过程中。根据人生目标,在人生的方方面面也会形成更加具体的目标,在人生的各种事情上还会有更加具体的目标。质量目标的导向作用,既表现为促使员工按实现质量目标的要求去制定、明确、提升自己的个人目标,同时也表现为促使员工修订、放弃或暂时放弃与质量目标不相符合的个人目标。企业的质量目标与员工的个人目标一旦协调或统一起来,就会产生巨大的物质力量。员工的行为既是为实现自己的目标,也是为实现企业的目标,这样就可以放开手脚,就可以减轻以至于消除实现质量目标中的心理障碍,把全部力量集中到质量目标这个点上来。

第四,质量目标可以凝聚全体员工的思想和智慧,使他们团结一心去为实现质量目标而努力。质量目标给全体员工指明了努力的方向,指明了需要达到的目的。目标一致才能让资源、时间和行动凝聚在一起,员工们的行动才能一致起来。这样,质量风气才能旺盛,人际关系才能融洽,意见沟通才能顺畅。

最后,质量目标实现后,就会给员工带来心理上的愉悦。这种愉悦感反过来就会加深员工对质量的感情,提升员工的质量意识,从而使企业贯彻落实质量方针得到更好的保证。如果实现质量目标后,企业能够给予表彰奖励,员工的心理愉悦还将得到提升,这种作用也将更加明显,甚至还可以放大。

12 分配质量职能

不管什么管理，都会有很多事情要做，都要面临“谁来做”的问题，就要进行职能分配，就要落实职责。与其他管理有所不同，虽然所有的部门、所有的员工都承担着相应的质量职责，但有的事似乎是“软”的，有的事并不是那么明确，有的事往往相互交叉，更需要企业领导来分配，来明确。具体怎么分配，不同的企业可能有所不同，但在分配职能时却应当做好以下四个方面的工作。

12.1 做好自己的工作

企业领导是质量管理的第一责任人，首先就要确定自己的质量职能。按 ISO 9001 的规定，最高管理者必须承担以下质量职责。

一是“向组织传达满足顾客和法律法规要求的重要性”。也就是说，要通过宣传教育，让企业所有的员工，特别是管理人员、技术人员明白，企业不能满足顾客的要求就难以生存；企业不能满足法律法规的要求，就会受到政府的查处，甚至被政府关闭。企业领导要“传达”，首先自己就要深刻理解这两个“要求”的重要性。

二是“最高管理者应以增进顾客满意度为目的，确保顾客的要求得到确定并予以满足”。上一条是传达要求的“重要性”，这一条是确保顾客的要求得到“确定并予以满足”。要“确定”顾客的要求，当然需要通过营销、市场调研、市场分析等多种渠道去调查、去研究、去分析、去确认。如果对顾客的要求理解失误，肯定会造成严重后果。

三是制定并实施质量方针。“最高管理者应确保质量方针:a)与组织的宗旨相适应;b)包括对满足要求和持续改进质量管理体系有效性的承诺;c)提供制定和评审质量目标的框架;d)在组织内得到沟通和理解;e) 在持续适宜性方面得到评审。”

四是制定并实施质量目标。“最高管理者应确保在组织的相关职能和层次上建立质量目标,质量目标包括满足产品要求所需的内容。质量目标应是可测量的,并与质量方针保持一致。”

五是对质量管理体系进行策划。“最高管理者应确保:a)对质量管理体系进行策划,以满足质量目标以及4.1的要求; b) 在对质量管理体系的变更进行策划和实施时,保持质量管理体系的完整性。”4.1的要求就是“组织应按本标准的要求建立质量管理体系,将其形成文件,加以实施和保持,并持续改进其有效性。”按照标准规定,最高管理者要承担审查批准质量手册、重要的程序文件和质量计划的职责。质量手册未经最高管理者签署,就会被认为是无效的。

六是分配质量职能。“最高管理者应确保组织内的职责、权限得到规定和沟通。”

七是指定管理者代表。“最高管理者应在本组织管理层中指定一名成员”,行使质量管理方面的职责和权限。

八是确保有效的内部沟通。“最高管理者应确保在组织内建立适当的沟通过程,并确保对质量管理体系的有效性进行沟通。”

九是进行管理评审。“最高管理者应按策划的时间间隔评审质量管理体系,以确保其持续的适宜性、充分性和有效性。”

对员工来说,领导的一言一行都是榜样。如果领导不遵守规章制度,不按规定程序办事,不注重自己的工作质量,就会影响一大片,使员工受到感染,规章制度就会形同虚设,大家都会各搞一套,工作质量就会下降,管理就会混乱。因此,除了上述这些职责之外,企业领导最重要的一项质量职责就是做好自己的工作,不断改进自己的工作,确保自己的工作质量,为员工树立榜样,提供典范。虽然标准没有这样规定,却是不言而喻

的。事实上,的确也有企业领导自以为是,给员工造成极坏的影响,使企业受损不小。

12.2 选好管理者代表

管理者代表是最高管理者的代表,也是企业质量管理的代表。有一个称职的管理者代表,对企业质量管理来说,往往具有决定性的意义。因此,选好管理者代表是最高管理者分配质量职能时关键的一环。

首先,管理者代表应当有较强的质量意识并具有一定的质量管理知识。质量管理毕竟是一门专业,并不是谁都可以做管理者代表的。随便指定一个人来做管理者代表,可能很难管好质量工作。一般来说,管理者代表至少需要一两年时间的实践才能真正入门。在未入门之前,工作就难免受损。因此,在选择管理者代表这个问题上,企业领导应当慎重。

其次,管理者代表应当是管理层中的成员。ISO 9001 规定:“最高管理者应在本组织管理层中指定一名成员”来当管理者代表,也就是说,管理者代表是企业管理层中的成员,是厂长经理的副手,而不是企业的中层领导,更不是随便指派的其他成员。只有这样,才能让管理者代表具有相应的权威。

再次,管理者代表应当具有相应的权限。ISO 9001 规定:“最高管理者应在本组织管理层中指定一名成员,无论该成员在其他方面的职责如何,应使其具有以下方面的职责和权限:a) 确保质量管理体系所需的过程得到建立、实施和保持;b)向最高管理者报告质量管理体系的业绩和任何改进的需求;c)确保在整个组织内提高满足顾客要求的意识。”在注中,还加上了“管理者代表的职责可包括就质量管理体系有关事宜的外部联络。”管理者代表要承担这样的职责,就应当获得相应的资源,特别是权力资源,包括对质量管理体系的相关事项具有相应的决策权,对造成重大质量事故的单位和个人具有相应的处罚权,等等。否则,他又怎么能“确保”呢? 因此,最高管理者一定要明确管理者代表的权限。

第四,不能把最高管理者的质量职责也推给管理者代表。最高管理者指定了管理者代表,并不等于就可以卸下自己肩上的质量责任。作为企业的法人代表,最高管理者是质量的第一责任人,不能不花相当多的精力来管质量抓质量。上节所列的那些质量职能,管理者代表可以配合、可以帮助,但却不能代替最高管理者,最高管理者依然必须履行自己的质量职责。

第五,必要时应设立质量管理的专门机构。质量管理是一项复杂的系统工程,对规模较大的企业来说,管理者代表一个人是难以胜任所有质量管理工作的,必要时还应当设立专门的质量管理机构。事实上,要建立健全质量管理体系,首先就应当建立一个在最高管理者领导之下的、由管理者代表直接指挥的质量管理机构。质量管理的事是很多的,特别是日常的质量教育、质量监督检查、不合格品管理、质量改进等工作,量大事繁,没有专人管是搞不好的。不少企业只有检验科或 QC 部,没有质量管理机构,质量管理职能往往就难以真正落实。增设质量管理机构,似乎增加了成本,实际上只要能防止一次质量事故,也就赚回来了。如果没有这样的机构或人员,或者人选不合格,质量管理的统筹、计划、监督、考核等职能就可能落实不了。这样的机构可以叫质管部或质管科。

最后,要维护管理者代表的权威。作为企业质量管理的负责人,管理者代表要对质量管理体系进行管理、监视、评价和协调,就不可能不对相关部门、相关人员进行批评,甚至进行处罚,这就可能引起矛盾和冲突。最高管理者如果不能客观公正地处理这样的矛盾和冲突,如果偏袒另一方,就会大大削弱管理者代表的权威。同时,由于所处角度不同,最高管理者与管理者代表在质量问题上也可能产生矛盾,管理者代表可能对最高管理者的意见表示反对,甚至在坚持质量制度时、在行使职权时针对到最高管理者,冒犯了最高管理者,最高管理者也应当主动纠正自己的错误,自觉维护管理者代表的权威。

12.3 落实质量职责

质量管理首先要有人来“管”来“理”,因此,首先就要有相应的管理

职责。有责而无职，也就是说，有一大堆任务，却没有必要的机构或人员去承担，工作任务不可能自行完成。职责不明、权限不清，是不少企业质量管理混乱的重要原因。要使质量管理体系有序有效运行，落实质量职责就是最重要的前提条件。

企业要正常运转，要确保产品质量，肯定有很多工作要做。这些工作就构成了企业的质量职能。全面质量管理是全员的、全过程的、全企业的管理，企业的任何一个部门、任何一个成员都承担着与其工作相关的质量职责。特别是参与产品质量形成各个环节的部门，诸如开发设计、采购、生产、检验、销售等部门，更是有不可推卸的质量职责。

所谓质量职能分配，就是把质量管理的事情分配到各个部门或人员头上。某一项工作、某一件事由哪一个部门做，必须规定明确。但是，在分配质量职能时，那些有利益的职能总有人要抢，那些没有利益的职能总有人要推。一旦涉及责任，大家往往都要想办法推卸。特别是涉及一些新增的质量职能，如果没有利益而又责任重大，分配往往就成为一件困难而又容易发生冲突的事，争论、吵架、讨价还价往往在所难免。

分配质量职能和监督考核质量职责的落实情况是企业领导，特别是厂长经理的一项重要工作。ISO9001 规定："最高管理者应确保组织内的职责、权限得到规定和沟通。"为此，应当注意以下几点。

一是在分配职能中，职、责、权、利要协调一致。一个部门负责一个职能，就要承担该职能不能有效实施的责任，就要有履行该职能所必需有的权限，就要有履行该职能所必需的资源和利益。这儿说的资源，包括物（如设备等）、人（经过培训的人员）、财（如必要的经费等）、信息（如有关图纸、文件等）。要防止有利的大家抢，无利的互相推。某些职能通过争论都不能落实的，可以由企业领导拍板决定。

二是质量职能要层层分解，落实到具体的人头上。要实行谁主管谁负责的原则，不能把与质量有关的事一股脑儿都推给质量管理部门。根据企业规模和管理方式，有时需要进行多级分解才能落实职责。

三是要注意职能的接口位置。现代企业管理模式是矩阵式（网络式)的,要求在职能上要有统一的主管(不是行政的主管)。但是,主管并不是独管,还要求相关部门的协同工作来配合。因此,如何保证接口的科学和协调是非常重要的。

四是质量职责的落实情况要经常进行监督检查。质量职能分配下去了,才是“万里长征走完第一步”,更重要的还是落实质量职责,也就是承担相应工作的部门或人员真的去做了,而且是按规定的时间和规定的要求去做了,做出的结果达到了规定的要求。如果没有做,或者没有按规定的时间和规定的要求去做,或者做出的结果没有达到规定的要求,就要进行考核,就要给予必要的处罚。只有这样,质量职责才能叫做“落实”。

13 掌控资源供给

企业要生产,就必须有相应的资源。质量不是免费的,不投入相应的资源,质量就得不到保证。ISO 9001 规定,最高管理者要“确保资源的获得”,实际上就是要为质量管理体系,为保证产品质量提供相应的资源。

生产任何产品,都需要人(Man)、机(Machine)、料(Material)、法(Method)、环(Enviroments)这五大要素,称为 4M1E。所谓资源管理,就是对这五大要素以及与其相关的账务(资金)的管理。企业领导当然不必直接管理这些资源,但却必须掌握其中最重要的两种资源,一是人力资源,二是财务资源。

13.1 掌控人力资源

企业的人力资源包括两个重点,一是员工的培训,二是人才的争夺。企业领导对后者可能都有相当的认识,对前者往往不太重视。

人才对企业的价值不用多说,企业领导也相当明白。但是,人才从哪儿来?招聘、猎头当然都是路子,但并不是所有的企业都可以招聘到合适人才的,更不是可以想“猎”就能“猎”到人才的。因此,对大多数企业来说,如何培养人才、如何识别人才就成为一个重要的课题。所谓掌控人才资源,就是要求企业领导具有远大的眼光,敢于在员工培训上下工夫,善于从现有人员中去发现、去培养人才。

日本质量管理大师石川馨有一个说法,全面质量管理始于教育,终于教育。ISO 9000 对教育培训也进行了相应的规定。企业领导应当重视员工培训工作，必要时也应当参与这样的培训。但更重要的是，为人才的成长创造一个良好的条件，能够培养出企业所需的人才，能够及时发现人才，善于使用人才。

企业要生产经营，肯定有很多的事要做。企业领导的任务不是自己去做那些具体的事，而是将这些事分配给自己的副手和下级。毛泽东说过，政治路线决策之后，干部就是决定因素。在质量战略和质量方针确定之后，企业领导的主要工作就是发现、挖掘、培养、选拔、使用、监督、考察、奖罚、升降干部。这其中有两类人才特别值得关注，一是某一方面的专家，二是副手和部门主管。汉高祖刘邦运筹帷幄不如张良，打仗杀敌不如韩信，治理国政不如萧何，但他却把他们掌控在自己手中，终于打败项羽，赢得天下。

要掌控人才资源，要求企业领导做好以下工作。

首先要充分认识人才对企业的价值。从道理上说，几乎所有的企业领导都能认识到人才的重要性。但是，不少企业领导往往只把自己当做人才，不把别人当人才，只相信自己，不相信别人，实际上并没有认识到人才的重要性。人才实际上是分层次的，对不同的企业来说，需要有不同的人才；对同一个企业的不同层次来说，也需要有不同的人才；经营、技术、管理、操作等不同的工作，也需要各自的人才。那些关键岗位的普通员工，那些具有技术才能的操作者，实际上也是企业需要的人才。

其次要支持员工的首创精神。所谓人才，最基本的一条就是敢于负责、敢于创新。如果企业没有一个鼓励和支持创新的环境，即使某人真的具有一定的天赋，真的是人才，也只有淹没在平庸的现实中。因此，企业领导对每一个员工的每一个建议和每一个“点子”，哪怕是不切实际的，是错误的，是不可行的，或者是与领导的想法完全对立的，都要给予支持和鼓励。一是要让员工自由发表意见，并提供发表意见的场所和渠道；二是不压制和打击任何意见；三是在条件许可的情况下，允许员工进行试验；四是给员工试验提供必要的条件；五是允许员工的试验失败，失败也给予鼓励；六是对所有的建议和“点子”都给予必要的奖励。

再次要形成内部开放的人才市场。优秀员工属于整个企业，而不是属于企业的某一个部门或某一个领导。企业建立一个内部开放的人才市场，所有的人的位置都以其能力和工作水平来确定，并允许在规范的条件下流动，允许在一定的条件下自由选择，为人才流动提供机会。企业领导的重要职责就是发现人才，任命干部，让不同的人才各处其所、各尽其用。要打破干部任命方面的等级制度、论资排辈等常规，允许员工自荐、竞争上岗、轮岗等。一旦发现人才，就要大胆使用。要让人才定期流动，重新组合。“新官上任三把火”，某个岗位换一下人，往往能够改变现状，焕发生机。

最后要给人才相应的报酬。人才给企业提供的是知识和智力，知识和智力已经日益成为一种生产要素，成为企业的资本。既然是生产要素，既然是资本，就应当得到相应的回报，给予相应的报酬。企业应当将报酬与地位、级别、头衔和等级体系分开。哪怕是最底层的员工，只要他为企业做出了贡献，也要给予和其贡献相应的奖励。如果企业领导既舍不得职位又舍不得钱，人才得不到相应的报酬，积极性就会受到挫伤。不少人一旦换了一个企业，往往就会做出令人目眩的成绩。对流失人才的企业来说，这才是最大的损失。

13.2 掌控财务资源

所谓财务资源，说白一点就是钱。企业生产经营所需的各种资源，虽然不能等同于钱，但总是和钱这种资源密切相关的。没有钱，企业一天也生存不下去，因而钱是一个很稀缺的资源。那种把“不缺钱”挂在嘴边的人，不是政府官员就是国有企业领导，他们用的钱往往是人民的血汗钱，与绝大多数企业所用的钱有本质的不同。

钱既是企业的资源，又是企业生产经营的目的。企业领导必须高度关注钱的流向，关注钱经过生产经营的过程是否增值、增了多少值。对企业领导来说，要掌控财务资源，不是代替财务部门建立财务机制，去进行财务核算，而是对财务资源进行监视，决定重大支出。

我们说过“质量就是赚钱”的话，已经介绍过质量经济分析和质量成本的相关知识。企业领导要真正理解质量与财务资源的关系，就要用质量成本知识对质量和质量管理进行必要的经济分析。是否采取某一项重要的或重大的质量措施，例如是否申请质量管理体系认证、是否让步使用某一批不合格品之类，至少要大体计算一下这项措施的收益、成本和风险。如果能够给企业带来效益，就应当下决心推行；如果推行的成本大于收益，还是暂缓为好。

当然，收益并不一定就能直接地、完全地反映在财务账簿上，有的收益是看不见的，有的收益要经过相当长的时间才能显露出来。这就需要企业领导具有战略眼光，通过综合平衡，才能真正把握和掌控。例如，必要的质量教育、质量奖励之类的费用，不一定就能立竿见影，有时投入了可能连个“水泡泡”也见不到。但是，如果从长期来考察，这样的费用却能够对企业的素质、员工队伍的士气产生潜移默化的作用，因而是很必要的，企业领导应当慷慨一些为好。

14 创造良好环境

14.1 培育良好的质量风气

ISO 9000 一直强调,企业领导"应当创造并保持良好的内部环境,使员工能充分参与实现组织目标的活动","最高管理者通过其领导作用和实际行动,可以创造一个员工充分参与的环境,质量管理体系能够在这种环境中有效运行"。

所谓环境,是指人们周围所存在的条件,包括自然环境和人文环境。ISO 9000 所说的内部环境,主要是指企业这个小社会的人文环境。人文环境是一个外延十分丰富的概念,包括政治、经济、文化、心理等多个方面的内容。任何人都是生活在一定的人文环境中的。这种环境内容,不仅有人们可以意识或已经意识的,也有人们难以意识或还没有意识到的。企业不仅是员工的工作场所,而且又是员工依赖的组织,员工的大部分有效时间都生活在企业里。企业的人文环境是员工能够直接感受的。这样的人文环境不仅制约和影响了员工的行为,而且对员工思想意识也必然产生重要影响。

ISO 9000 要求创造并保持的良好内部环境,涉及的具体项目很多。如果从心理学角度考察,实际上就是创造并保持良好的质量风气。所谓质量风气,就是企业成员在共同认可的质量方针指导下,在质量意识较为统一的基础上,经过共同努力,逐渐形成并表现出来的一种心理倾向,是企业全体成员对质量重视程度的反映,是综合评价的结果。虽然说起来有点"虚",但却是员工可以感受到的。

良好的质量风气体现为浓郁的质量气氛、积极的质量舆论、严谨的质量作风，能够使员工经常处于一种强烈的情绪感染之中，给员工的质量行为以巨大的推动和鼓舞力量，让员工于不知不觉中接受它的教育和感化，使员工精神振奋、心情舒畅，质量工作的主动性、积极性和创造性都能得到充分调动，质量能力也能得到充分发挥。良好的质量风气甚至可以形成一种无形的力量和无声的命令，迫使员工让自己的质量行为与它的要求相适应。特别是那些与企业的质量态度差距过大的员工，更能感受到质量风气的这种心理压力，即使他有意抵制，也难免或明显或潜在地改变自己的质量态度，并逐步向企业的质量态度靠拢。因此，良好的质量风气是保证和提高质量的一种必不可少的心理条件，对于完成企业的质量目标具有极大的推动作用。

企业领导要把创造良好的质量风气作为自己的一项重要任务。首先，企业领导要制定正确的质量方针和质量目标，为员工提供"关注的焦点"。企业有了这样的"关注的焦点"，员工思考的、议论的、行动的、评价的都与质量相关，就能逐渐形成相应的质量风气。

其次，企业领导一定要以身作则，起好模范带头作用，时时处处都把质量放在首位，从而带动全体员工，促进质量风气的形成和提升。如果企业领导质量意识不强，质量态度不正，就会起到心理上的"反功能"作用，败坏企业的质量风气。

再次，企业要把经常积累同集中教育结合起来。质量风气的形成是一个长期的过程，需要经常性的开展质量教育。不能设想来几次集中教育整顿，搞几次轰轰烈烈的质量运动，就可以形成浓郁的质量风气。但是，配合形势任务的变化，开展一些集中的、专题性的教育或活动，对质量风气的形成也可以起到强化和促进作用。

14.2 吸引全员参与

全员参与是全面质量管理的一个基本要求，也是 ISO 9000 提出的八项质量管理原则之一。标准指出："各级人员都是组织之本，唯有其充分

参与,才能使他们为组织的收益发挥其才干。”全员参与的程度实际上是员工对企业的向心力的表现,反映了企业的凝聚力。

员工通过认真履行自己的职责和权限,通过质量监视和监督,通过持续改进自己的工作过程来提高工作质量;通过提供自己的意见和建议,通过积极参与企业的相关活动来参与企业的管理,包括质量管理。全员参与可以使员工与企业更加紧密地联系在一起,对企业产生认同感、归属感,在一定程度上缓解劳资矛盾,从而使企业内部更加团结;可以鼓舞士气,使员工人人都创先争优作贡献,从而保证企业各项工作得到顺利完成;可以充分发挥员工的积极性,提高生产效率和产品质量;可以降低废品率和其他质量损失,这就使企业获得效益。作为企业领导,应当充分认识全员参与的重要意义,采取多种方法吸引员工参与。

但是,要让员工参与到企业管理中来,仅仅凭借企业的行政命令是不行的。即使是开个会,企业可以进行点名,可以对迟到、早退和缺席的员工进行考核,但却不能保证坐到会场来的员工都能认真听会,更不能保证员工在会上都能充分发表自己的意见。一般来说,员工参与的事项往往是其“分外”之事,或者说是其职责之外的事。员工可以参与,也可以不参与,甚至可以拒绝参与,参不参与全凭员工的自觉和自愿,企业不能通过行政手段来强迫员工参与。因此,需要企业创造一个适宜全员参与的条件来吸引全员参与。没有这样的前提条件,员工为什么要来参与？又怎样来参与？企业领导的责任就是创造这样的前提条件。

首先,要正确对待所有的员工。从最高管理者的思想认识到企业的规章制度,都不能将员工仅仅当做劳动力,更不能当做“奴隶”,而应当把员工视为企业的宝贵财富,看作最重要的资源,在管理理念上来一次革命。理念没有转变,即使有相应的制度、有相应的全员参与形式,往往也难以真正吸引员工参与,更难以使员工满意。员工只有在感觉到自己被企业当做“人”了,对企业有了归属感,才可能产生参与的热情。否则,员工即使形式上参与了,心理上却在拒绝,不仅达不到全员参与的目的,反而可能对企业产生怨恨,甚至危害企业的利益。

其次，要敞开员工参与的渠道。一般来说，员工参与的主要方式是反映情况、发表意见、提供建议，这都涉及意见沟通。企业应当有相应的沟通渠道，使员工能够将自己的意见和建议及时向领导或管理人员反映。除了制度化的沟通渠道之外，还应当有非制度化的沟通渠道，例如根据某一具体情况公开征求员工的意见和建议、组织相关的讨论、召开听证会等。没有畅通的参与渠道，员工即使有参与的热情也无法有效参与。如果企业过分注重员工的等级，中层管理人员堵塞沟通渠道，员工除了被动完成自己的任务，再也不会关心企业，这样企业就会显得死气沉沉。

再次，要给员工提供参与的机会。企业应当创造必要的条件为员工提供参与机会。一是开展形式多样的群众性质量管理活动，给员工创造经常性的参与机会。例如，质量自检互检活动、质量管理小组活动、质量监督员活动等。二是将企业的重大项目交给员工讨论、评价、征求意见和建议。例如，可以通过竞争上岗、招贤榜、课题招标等形式，吸引员工参与岗位竞争、质量改进、技术攻关。三是给员工提供非本职工作的参与机会。例如，在进行内部审核时吸收操作工人代表参加审核，企业在进行重大决策时吸收员工代表参与等。参与机会越多、形式越丰富，员工参与的热情也会越高，员工的潜力也才会被激发出来。否则，就会出现想参与却无从参与的尴尬局面，员工的参与热情也就会烟消云散。

最后，要严肃处理压抑员工参与的人和事。任何企业都难以完全避免官僚主义现象，压抑员工参与的人和事总是可能发生的。员工参与所提的意见和建议，很可能与企业领导或管理人员的意见不相符，甚至可能损害到某些人的利益，因此打击报复的现象往往难以避免。不管是压抑还是打击报复，都会严重损害员工的感情，不仅损害被压抑被打击报复的员工的感情，而且还会损害其他员工的感情。员工参与的感情一旦被损害，往往就会放弃参与。因此，不管压抑或打击报复涉及的是“人”（例如管理人员）还是“事”（例如规章制度），都必须严肃处理。即使员工的意见和建议不正确，也要从保护员工参与热情的角度着眼着手，来处理压抑和打击报复。

至于企业应当通过哪些具体活动来鼓励员工参与，ISO 9004:2009 提出了五条，我们罗列于此：①建立过程去分享知识和员工的能力，例如一个收集改进建议的计划；②引入适当的、基于员工个人成就的承认和奖励制度；③建立技能分级制度和职业生涯发展规划，促进个人发展；④持续评审员工满意度水平、需求和期望；⑤提供指导和辅导的机会。

在 ISO 9004:2000 中则提出了 12 条，我们也将其罗列于此：①提供继续培训，并进行个人发展的策划；②明确各自的职责和权限；③确立个人和团队的目标，对过程性能进行控制并对结果进行评价；④促进人员参与目标的确立和决策；⑤对工作成绩给予承认和奖励；⑥促进开放式的双向信息沟通；⑦对其人员的需求进行连续评审；⑧创造条件以鼓励创新；⑨确保团队工作有效；⑩就建议和意见进行沟通；⑪对人员的满意程度进行测量；⑫调查人员加入和离开组织的原因。

14.3 加强内部沟通

ISO 9001 规定："最高管理者应确保在组织内建立适当的沟通过程，并确保对质量管理体系的有效性进行沟通。"企业的内部沟通如何，实际上也是一种内部环境。

按 ISO 9000 的要求，一个企业的内部沟通至少应当采取以下方式来进行。

一是建立相应的会议制度，定期或不定期召开会议。按照企业规模，会议可以分层召开，也可以专题召开；可以是大会，也可以是小会。涉及企业的经营战略、质量方针、质量目标和重大重量问题的会议，应当由企业领导组织或亲自主持。在企业内部应当经常召开诸如质量分析会、质量讲评会、质量通报会、质量表彰会之类的会议，以便沟通质量方针、要求、目标及完成情况。对班组来说，每周都应召开一次全体人员参加的工作会议，总结上周工作，安排本周任务。发生重大质量问题或质量事故后，根据问题或事故的性质，应当立即召开会议，分析原因，落实责任，制定纠正措施。

二是建立与企业的规模、机构、管理模式、员工素质、沟通事项等相适应的沟通渠道和沟通过程。要确保上级的指示、指令、意见按规定的沟通渠道和沟通过程,及时准确下达到需要的地方和需要的人员。一般来说,上情下达不能越级,应当一级一级下达,更不能由最高管理者直接去命令操作者。要畅通沟通渠道,防止中间层级堵塞,很重要的一点就是要实行信息的闭环管理。所谓闭环管理,就是信息发出后,经接收者处理,处理结果还要反馈到发出者这儿来。例如厂长发出一个指令,经过层层下达,层层执行,执行的结果必须经过相应的渠道报告给厂长,这样才能使厂长了解自己的指令是否执行了,执行的效果如何等情况,从而为修订指令或令后下指令提供依据或参考。

三是建立相应的请示报告制度。下级主管人员应当定期向上级主管人员报告工作。这种报告可以是书面的,也可以是口头的,还可以通过会议形式报告。除了定期报告外,一旦发现重大质量问题,还要随时报告。与上情下达最好不要越级不同,下情上达一般是可以越级的,因为“上情”往往是指示、指令、命令之类,需要下级执行;而“下情”往往只是情况、信息、请求之类,上级可以从中获取真实情况,并不需要上级一定去“执行”。企业应当规定,每个员工都有权向厂长、经理报告情况。特别是,下级要向上级报告非常事件,在时间紧急时,或者层层报告可能存在失真、失效风险时,更是可以越级上报的,任何中间环节都不得截流、阻止、干扰,更不得打击、报复。为了解实践情况,上级主管人员,包括厂长经理还应当主动地、经常地深入基层和员工,进行调查研究,寻求基层和员工的报告。

四是采用多种形式加强内部沟通。例如,下发相关文件、资料、书籍;书写悬挂标语、标牌,出版黑板报、宣传栏;建立公司网站,设置公司邮箱,开设公司内部的论坛或公司的 QQ 群、微信群,让员工充分利用这些虚拟空间发表意见;设置厂长、经理信箱,鼓励员工直接向厂长、经理反映情况;鼓励管理人员深入现场调查研究,规定相应的管理人员撰写专门的调研文章;开展各种形式的员工联谊活动,组织员工的业余爱好小组等。

五是采取措施保护意见沟通。企业应当保护员工批评与自我批评的自由，保护员工为企业发展出谋划策、提建议和意见的积极性，严禁任何人打击报复，对压制员工反映真实情况、压制员工提建议和意见的积极性、打击报复员工的，一经发现，要坚决查处。

15 促进持续改进

15.1 监视和监督

质量管理体系建立起来了，正常运行了，还需要对其进行必要的监视。监视是从旁去察看、监督和注视。在汉语中，监视似乎不是一个好字眼。其实，ISO 9000 使用这个词，和我们使用的监督基本上是同义的，监督的对象只能是人或人的组合，而监视的对象更广泛。

企业领导的一项重要任务，就是对质量管理体系进行监视，对下属进行监督。

ISO 9001 规定："组织应策划并实施以下方面所需的监视、测量、分析和改进过程：a)证实产品要求的符合性；b)确保质量管理体系的符合性；c)持续改进质量管理体系的有效性。"这样的监视主要不是针对某一员工，而是针对整个企业的，主要内容是对质量管理体系业绩的监视，包括对顾客满意程度的监视和测量、内部审核、财务测量、自我评定等内容。对企业领导来说，主要是通过管理评审来进行的。管理评审前面已经讲过，不再赘述。

监视和测量的目的都是为了改进。如果忽略对负面的、否定的结果或评价，或者有意对正面的、肯定的结果和评价进行强化加工，就会使监视和测量产生偏差，甚至严重失真。这样，可能使企业领导陶醉在"一片大好"的错觉中，不仅可能阻碍企业改进，甚至可能让企业走偏方向。

企业领导要把握企业的真实情况，不能仅仅只是听汇报、看文件，还要抽时间走近顾客、深入基层去进行调查和检查。调查和检查的过程也

是监督的过程。特别是对下属进行检查,及时发现问题,不仅能够对下属和问题涉及的员工产生影响,更重要的是对企业领导自己的心理产生影响。企业领导对自己的决策带来的结果如果不清楚,往往就难以做出进一步的决策。特别是在质量管理方面,过分的自信往往可能造成产品质量的下滑,甚至造成质量管理体系的严重缺陷。企业领导通过对质量管理体系业绩的监视和测量,找出体系中存在的问题,可以采取措施加以改进,从而使质量管理体系更加有效、更加高效。

监督一是"监",二是要"督"。"督"的形式一是提醒,二是警告,三是考核。提醒和警告达不到目的,就要进行考核。企业领导当然可以不参加那种定期开展的质量监督检查,更多的应当采取明察暗访的方式去调查和检查。发现问题后,当然要直接指出,但也要注意方式方法。一般来说,如果是员工的问题,例如员工违反工艺纪律,不应当直接批评员工,而应当把管理人员找来,问个究竟,对管理人员进行追责。员工的问题,往往是管理人员造成的,或者是管理人员教育培训不到位,或者是管理人员纵容甚至支持的。同时,作为企业领导,直接批评员工也有失身份,效果并不好。

15.2 控制不合格

建立并保持质量管理体系,最主要的目的是防止出现不合格。但事实上,任何企业,不管控制多严格,都不可能不出现不合格。即使你采用六西格玛管理法,把偏离或瑕疵控制在百万分之三点四的范围内,也还可能有不合格。

在 ISO 9000 中,不合格(nonconformity)也被叫做不符合,也就是"未满足要求",包括产品质量特性不合格和质量管理体系要素不合格,一是指偏离了规定要求,二是缺少应该有的要素。企业处在生产经营的动态之中,质量管理体系也在运行之中,各种各样的内外因素都可能使产品质量特性或质量管理体系要素偏离规定要求,从而产生不合格。这不足为奇,也不可怕,问题在于怎样对待。

以产品不合格为例，生产过程中产品 100% 合格也可能做到，但那需要更多的投入，从而加大成本，实际上并不划算。某些产品，某些过程，如铸造产品、车工过程，因影响质量的因素过多、过于复杂，难以一一加以准确而严格的控制，因而不可能 100% 合格。事实上，只要对不合格品严格进行控制，同样可以达到质量保证的要求。那种宣称没有不合格品的企业，可能反而使人疑虑，怀疑其是否真实。

不合格控制是企业质量管理的难点。不合格控制情况如何，往往反映企业质量管理的实际水平。企业领导当然不需要去进行实际的控制，去直接处置不合格，但却应当关注质量管理体系运行中重大项目的不合格、关系产品质量和安全的严重不合格、可能造成严重后果的不合格以及长期存在的不合格，必要时还要亲自参与处置这些不合格，采取纠正和预防措施来消除这些不合格，防止这些不合格造成严重后果。

特别是要严格控制不合格品的让步和偏离许可。所谓让步，就是“对使用或放行不符合规定要求的产品的许可”。所谓偏离许可，就是“产品实现前，偏离原规定要求的许可”。如果不合格品的质量缺陷较轻，不合格程度较小，对产品质量和使用的影响不大，适当的让步和偏离许可也是允许的。但是，过多、过量、过宽的让步和偏离许可，对企业来说就可能成为一场灾难。企业如果靠让步和偏离许可过日子，让步和偏离许可节约的费用将被企业返修损失和声誉损失抵消，后者甚至数倍、数十倍、数百倍高于前者，那才是得不偿失呢。因此，让步和偏离许可有很大风险，企业领导一定要慎之又慎！与其得不偿失，不如把关卡住，不让其下流。返修、返工、拒收、报废、降级改作他用都不失为一种选择。

事实上，一个企业的质量方针究竟如何，往往就反映在如何对待不合格的态度上。企业一个劲在那儿说自己坚持质量第一，但在处置不合格时却动辄采取让步和偏离许可，怎么能说是把质量放在第一位了呢？作为企业领导，在参与处置重大不合格的过程中，要为下属做好榜样，即使要让步，要偏离许可，也不能随意决定，而应当通过处置不合

格，对下属和员工进行质量教育，并要有相应的补救措施。企业领导在不合格品处置上松一寸，管理人员就可能松一尺，生产工人就可能松一丈，不合格就会泛滥成灾，成为企业的一大癌症。没有壮士断腕的决心，要改都难了。

15.3 创造持续改进的环境条件

按全面质量管理的要求，企业应当坚持持续改进。所谓持续改进就是不断的质量改进。一次质量改进往往容易进行，持续改进不管是对员工个人来说还是对企业来说，都是相当困难的。这就需要一个能够促进持续改进的环境。

一般来说，员工进入企业后，就会规定他的职责，给他安排工作任务。不能正常履行职责，完不成工作任务，企业就会对他进行处罚。职责和工作任务一般都有较为具体的指标，便于进行测量和评价。虽然企业可以将质量改进纳入员工的职责中，但改进什么，如何改进，改进结果如何，等等，企业往往难以形成工作任务指标下达给员工，因而也就难以测量、评价和考核。质量改进有赖于员工的主观能动性，有赖于员工的态度和自觉。通常情况下，逼迫员工进行质量改进是难以持续的，也是难以成功的。只有员工自觉地、主动地投入质量改进中，质量改进才可能顺利进行，也才可能持续。而要员工自觉地、主动地投入质量改进，则需要企业领导为他们创造一个有利于持续改进的环境条件。

应当说，员工对改进都有所需要。通过质量改进可以降低消耗、提高质量，企业可以获益，员工也可以提高收入、稳定职业、降低劳动强度、改善工作环境。企业领导创造一个有利于持续改进的环境条件是满足员工这种需求和期望的一种行为。企业没有这样的环境，就会使员工失望，他们潜在的积极性和聪明才智不但难以发挥，反而会浇灭他们对企业的一片热忱。

但是，又必须看到，质量改进又可能侵害员工的权益，例如，增加劳动强度、使其丧失工作机会等，从而对质量改进采取消极抵制的态度。这时，持续改进的环境条件对改变他们的态度就会起到积极作用。也就是说，会使他们由消极变为积极，由抵制变为参与。

持续改进的环境首先要以良好的质量风气为基础。平时都不重视质量，都不把质量当一回事，质量管理都混乱，遑论什么改进？但是，仅有良好的质量风气对持续改进还是不够的，还需要企业领导采取措施来引导、支持、鼓励员工投入到持续改进之中。

首先，企业领导应当支持和领导持续改进。企业领导对持续改进的认识，往往具有决定性意义。认识正确就会认真实施自己的职责，对改进活动给予支持，并主动领导整个企业的改进活动，从而使持续改进成为企业的一个基本目标，形成一种基本任务或要求。如果企业领导把所有的改进都认为是附加的要求，或者只作为是员工或下级的事，就会影响员工或下级，使他们也将改进当做附加的要求或他人的事。这样，谁还会主动、积极、自觉地进行质量改进呢？

其次，企业领导要以身作则。也就是说，企业领导要积极参与到质量改进之中，包括持续地改进自己的工作。为此，要采取多种形式把自己参与质量改进的情况向员工报告，让员工知晓。

再次，企业领导要尊重员工的首创精神。质量改进中采取的措施不是既定的（文件规定或习惯形成的），很可能是从来没有采用过的，甚至可能是在书籍之类信息源处也无法找到的。如果企业领导不尊重员工的首创精神，对员工首创或独创的措施采取质疑、否定、阻挠、反对的态度，必然打击员工的积极性。即使员工提出的措施存在问题，也只能通过评审或试验来解决。不问三七二十一，“一棒子打死”，不仅使本次质量改进难以进行，而且还会影响今后的质量改进。

最后，企业领导要为持续改进配置必要的资源。持续改进需要相应的方法和工具，具体的改进项目可能还需要相应的技术知识和管理知识以及经验，这就决定了应当进行必要的教育和培训。质量改进往往还需要专家指导以及信息、资金和其他物质条件等，“又要马儿跑，又要马儿不吃草”，肯定是不行的。企业领导应当为改进提供必要的资

源，例如，给予必要的时间、经费等。同时，企业领导还应当对员工进行鼓励，为改进鼓劲加油，经常予以关注；当改进遇到困难时，及时予以解决。改进结束，还应当对改进的结果进行评价和认可，并进行适当奖励，以树立榜样，吸引更多的员工参与到改进中来，形成一种人人做贡献、求进步、争先进的风气。

小结：引导和监督

有两种企业领导，一种是只下指令，把所有的事都交给下属去做；一种是事无巨细，都要亲历亲为。这两种领导都是不合格的。

企业领导的工作就是管理企业。所谓管理，就是计划、组织、指挥、协调、激励、控制、监督、考核的过程。不管是质量管理还是其他管理，实际上都是这样的过程。对企业领导来说，应当把握住过程的两端，也就是过程的输入和过程的输出。对过程输入主要把握计划和指令，也就是为下属指出方向；对过程的输出主要把握结果，并对结果进行监督和考核。说白一点，企业领导一只手拿的是胡萝卜，用以引导下属和企业按自己设想的路前行；一只手拿的是鞭子，对那些不按自己设想路线前行的进行督促，甚至给予必要的处罚。

质量管理是企业管理的纲，企业领导必须加以关注，并且要投入相当的时间和精力。任何工作，并不是投入了时间和精力就能做好、就能有效果的，关键在于是否抓住了要点，也就是是否抓住了对质量和质量管理起决定作用的因素。本篇提出的把握质量方向、分配质量职能、掌控资源供给、创造良好环境、促进持续改进的各项工作都值得企业领导花一定的时间和精力去做。虽然这些工作也可能涉及一些具体的事情，但大多涉及宏观把握上，相应的一些具体事务依然可以分配给下属去做。分配给下属去做，并不等于当领导的就可以放手不管。即使下属很能干，当领导的也需要给他指方向，给他职、责、权、利，对他进行监督和督促，并在他遇到困难时给予帮助和鼓励。

当然,有时候领导深入基层,亲自动手做一点具体的事,例如,给员工上一堂质量课、参与一下内部审核、参加一个质量管理小组(QCC)的活动等,既可以调节自己的工作和思维,又可以为员工做出榜样,何乐而不为呢?

方 法 篇

经过100多年的发展，质量管理已经积累了相当多的方法和工具。以方法为例，就有质量管理体系方法、过程方法、PDCA循环方法、闭环管理方法、六西格玛管理方法等。以工具为例，就有所谓的新老七种工具。老七种工具是：排列图、分层法、调查表、因果图、散布图、直方图、控制图。新七种工具是：关联图、KJ法、系统图、矩阵图、矩阵数据解析法、PDPC法、箭条图。而且，国内外的质量管理专家和先进企业还在不停地创造新的方法，推出新的工具。

全面质量管理强调管理方法多种多样，并不是一定就要采用所谓的最新、最先进的方法。管理方法与科技方法不同，并不是最新的就最先进，也不是最先进的就最有效。在不同的管理领域，针对不同的管理对象可以采用不同的管理方法。一个最重要的原则就是：哪种方法适用、哪种方法有效、哪种方法简便，就采用哪种方法。

企业领导不需要成为质量管理专家，当然也就不需要掌握所有的质量管理方法和工具。企业领导的主要工作是决策，是从企业的全局，从宏观层面去把握质量管理，因而最需要的是与此相关的质量管理方法。而且，即使是这样的方法，主要也不是为了进行直接的操作，而是用来指导自己思维或思考。或者说，企业领导要掌握的质量管理方法，主要是思想方法。

我们介绍的这几种方法，都是带有一定哲学意味的思想方法，不仅可以用于质量管理，而且也可以用于其他管理，甚至还可以用于我们的日常生活。说起来可能简单，但真要运用自如，还需要对我们的思想方法进行一番反思，真正树立起大局意识和发展意识，真正从战略角度来看待质量管理。

当然，如果哪位企业领导有精力、有兴趣，愿意多学、多掌握一些质量管理方法，那就更好了。

16 质量管理体系方法

16.1 质量管理体系方法

质量管理体系方法包括以下八个步骤。

第一步：确定顾客和其他相关方的需求和期望。

这实际上就是对系统功能的确定。我们不管做什么工作，甚至是私人活动，都要有一个目的，这个目的可能是为了"顾客"(他人)，也可能是为了自己某一方面或某几方面的需要。即使是为了自己的需要，也要确定是什么需要、需求的程度如何、期望的最佳结果怎样等。全面质量管理把"下道工序"看做是用户，是顾客。那么，也可以把自己某一方面或某几方面的需要看做是用户，是顾客。这样，哪怕是吃饭这项活动，也可以进行"确定顾客和其他相关方的需求和期望"的调查分析活动。通过体检，发现自己体重超标，身体健康作为自己的一种需要，就可以成为吃饭活动需要"确定顾客和其他相关方的需求和期望"。

第二步：建立组织的质量方针和质量目标。

方针是指导人们有意识活动的宗旨和方向，目标是系统要达到的目的，是完成任务的程度。方针和目标都要根据"顾客和其他相关方的需求和期望"来建立，都要引向"顾客和其他相关方的需求和期望"。我们不管做什么工作或活动，都有一个指导思想。虽然这种指导思想有时并不是那么明确的，但只要我们一推敲，就会发现有某种"宗旨和方向"在指导自己，在约束自己。例如我们乘车，肯定会以安全为第一宗旨。当我们发现汽车存在故障后，很可能就会取消乘车活动了。如果能够事先建

立起方针和目标，那么不管做什么，都能起到约束自己、激励自己的作用，而且也容易对自己的努力进行相应的评价。对企业来说，任何工作都应当建立方针和目标，更是不言而喻的。

第三步：确定实现质量目标必需的过程和职责。

所谓过程，就是使用资源将输入转化为输出的活动或一组活动。可以说，不管是组织的工作还是个人的活动，都存在着这样的“活动”，也就都有自己的过程。哪些过程是必需的，哪些过程是多余的，每个过程需要输入什么，希望其输出什么，如果能够明确加以确定，肯定能够提高过程的有效性和效率。按照 ISO 9000 的要求，每项活动或过程都应当有规定的途径，也就是需要有相应的程序。这种程序可以形成文件（书面程序），也可以不形成文件（非书面程序）。要完成活动或过程，当然需要一定的输入，输入的可能是能量、信息、物质，其中最重要的是人的劳动或活动。因此，这就必须确定相关人员的职责。做任何事，如果职、责、权、利不明确，往往就做不好，或者无人管，或者大家争着管，都会造成工作的混乱，降低系统的有效性和效率。

第四步：确定和提供实现质量目标必需的资源。

我们不管做什么事，工作也好，活动也好，不可能不需要资源。一般来说，任何过程都需要人、机（设备）、料（材料、原料）、法（方法、信息）、环（环境）这 4M1E 资源。即使我们写篇文章，也需要笔（设备）、素材（材料）、怎么写的方法（体裁或要求）、写作的环境（总不能在暴风雨中写作吧）。资源的质量或状态，对工作或活动的结果往往具有很大的影响。作为组织的活动，当然更需要相应的资源。资源不能满足需要，目标也就难以达到。

第五步：规定测量每个过程的有效性和效率的方法。

现实中发现，我们费力费时地进行工作、开展活动，到了一定时候才发现收效甚微。原因何在？就在于没有事先规定如何测量工作和活动有效性与效率的方法。办一个培训班，企业输入了相应的资源（人、财、物、时等），员工参加培训后有什么收获？这样的收获怎样测量？测量的结果与输入的资源怎样进行比较？我们往往没有认真考虑过，结果培训班往往是白办了，没有达到预期的目标。当然，并不是所有的工作和活动都能够规定定量的测量方法，都能够准确进行测量。但质量管理体系方法告诉我们的是一种方法论，要求我们开展工作和活动时都要考虑其有效性和效率，并尽可能找到测量其有效性和效率的方法，哪怕是定性的方法。

第六步：应用这些测量方法确定每个过程的有效性和效率。

这是第五步的继续，也就是通过测量，获得相关事实、数据和信息，然后将其与确定的目标进行比较，找出可能存在的问题或差距，为下一步的改进提供课题。一般说来，我们所进行的工作或活动都是持续的，一次过程结束，新的过程又将开始。为了提高过程的有效性和效率，就应当对过程进行持续的改进。即使某项工作或活动不是持续性的，可能只做一次，也需要通过测量获得相应的结果，并与预期的目标相比，从而给工作或活动的组织者、关注者、资源提供者等相关方一个“说法”，一个交代。即使是纯私人的活动，也可以给自己的心理提供一种安慰或歉然。

第七步：确定防止不合格并消除产生原因的措施。

做任何事都可能犯错误、走弯路、产生失误，这些都可以定义为广义的不合格。能不能把事情做好，能不能使工作或活动达到预期目标，能不能使工作或活动有效和有效率，很大程度上取决于防止或减少不合格。对不合格，全面质量管理强调预防为主。所谓预防，就是及时发现并消除不合格产生的原因。可以说，全面质量管理防止不合格的思想、消除不合格原因的方法和工具，普遍适用于其他工作，甚至也适用于某些纯私人的活动。

第八步：建立和应用持续改进质量管理体系的过程。

不管什么事情，不管什么工作或活动，只要是延续性的，都存在一个持续改进的要求。即使不是延续性的，只要这样的经验对今后同类事情、工作同类或同类活动具有借鉴意义，也存在着总结经验教训的要求。持续改进是“增强满足要求的能力的循环活动”，强调的是增强能力。不管

是对组织还是对个人来说,能力都是最基本的资源。具有相应的能力,不管做什么事情都能够获取成功。善于改进的组织和个人,能力就增长得快,继续成功或转败为胜的可能性就大得多;相反,即使很有能力,也可能逆水行舟,不进则退。人类就是在持续改进(包括创新)中发展起来的,哪个国家、哪个民族善于改进(包括创新),哪个国家、哪个民族就能兴旺发达。企业如此,个人也是如此。

上述八个步骤不能分割开来,而是一个统一的整体。如果我们将其作一个简单的总结,就可以得出这样的结论:不管做什么事情,首先要确定是为谁做,确定这个"谁"对此有什么需求和期望;然后根据"谁"的需求和期望建立相应的方针和目标,确定过程,落实职责,提供资源,规定检测方法并进行检测,防止出现不合格;在所有的过程中都尽可能进行持续改进,以提高自身的能力。

16.2 质量管理体系方法的普适性

质量管理体系方法不仅是质量管理的方法,也是一般系统工程的方法。这样的方法不仅可以运用到质量管理中,也可以运用到其他管理中,甚至可以运用到人们其他的各种有意识的、有目的的活动中。从方法论的角度来认识,质量管理体系方法具有很大的普适性,企业的各项管理、人们的很多活动,都可以运用或借鉴质量管理体系的基本原则和基本步骤。

质量管理体系方法不仅可以运用于企业建立、保持和改进质量管理体系,而且也可以运用于企业内部职能部门(例如设计部门)、所属单位(例如车间)、相关过程(例如售后服务)、项目管理(例如某个产品项目)、临时机构(例如临时组织的采购团)的质量管理。首先,具有一定规模的企业,其质量管理体系当然要涵盖企业的所有部门和所有产品。但是,对其所属部门(单位)来说,也应当有自己的质量管理体系。企业内部不同部门(单位)的质量管理体系是企业质量管理体系的子体系。这些子体系既要服从并服务于企业的质量管理体系,又要具有自己部门

(单位)的特点,适用于自己部门(单位)的需要。如果企业的规模比较大,或者企业内部的部门(单位)又具有相对的独立性,那么这些部门(单位)也应当建立、保持和改进自己的质量管理体系。质量管理体系子体系的建立、保持和改进,同样要采用质量管理体系方法。其次,质量管理体系涉及的过程,也需要运用质量管理体系方法来进行控制和改进。标准规定:"过程方法在质量管理体系中应用时,强调以下几个方面的重要性:a)理解并满足要求;b)需要从增值的角度考虑过程;c)获得过程业绩和有效性的结果;d)基于客观测量,持续改进过程。"虽然这里只有四个步骤,但只要认真体会,与质量管理体系的八个步骤也有异曲同工之妙。认真研究 ISO9000 就会发现,即使是设计和开发、采购之类的过程,也基本上是采用质量管理体系方法来描述的,只不过有或多或少的简化而已。

质量管理体系方法已经被广泛运用于企业的其他管理体系。最典型的是 ISO14000 环境管理体系标准、SA 8000 社会责任标准、OHSAS18001 安全卫生管理体系标准、ISO17025 检测和校准实验室能力标准,几乎完全采用了质量管理体系方法。不管是从标准的结构还是从标准的要求来看,这些标准与 ISO9000 的相似性、通用性、共同性都相当接近。事实上,不少企业为了使这些管理体系运行更加有效、更有效率,将其进行整合,取得了显著成效。企业的其他管理体系,例如财务管理体系、安全管理体系、物流管理体系、知识管理体系、人力资源管理体系等,都可以直接采用质量管理体系方法来建立、保持和改进。也就是说,企业的任何一种管理体系,都应当首先解决为"谁"的问题,都应当根据"谁"的需求和期望来建立相应的方针和目标,来确定过程、落实职责、提供资源、进行测量,加以改进。按照这样的思路来进行管理,管理就能够从混乱无序走向规范有序。

当然,质量管理体系方法仅仅是一种方法,这种方法人人可用,但并不是人人用了都可以取得所期望的成功,并不是包医百病的灵丹妙药。企业的成功不仅依赖于正确的合理的管理方法,更依赖于企业所处的环境、企业的战略和企业自身的实际能力。质量管理体系方法可以为企业

提供识别环境的路径,但却无法去改变环境;可以为企业制定和实施质量战略提供保障,但却不是战略本身;可以在一定程度上提升企业的能力,但企业能力的基础还是所投入的资源。质量管理体系具有工具性的性质,是企业经营活动的一种武器。但正如手握先进武器的军队并不一定能打胜仗一样,掌握了这种武器的企业也不一定就能在市场竞争中百战百胜。决定战争胜负的因素往往不是武器,或者并不仅仅是武器。决定市场竞争胜负的决定因素也往往并不一定是管理方法,还需要企业在战略、能力和环境选择方面作出更艰辛的努力。虽然如此,掌握了先进武器的军队毕竟具有相应的优势,善于运用质量管理体系方法的企业通过持续改进,也必定能够最终取得与自己所处环境、所具有的能力、所确定的战略相适应的成功。从这个意义上说,企业领导都应当学习、掌握并熟练运用质量管理体系方法。

17 过程方法

17.1 首先要理解过程

要理解过程方法，首先必须理解过程概念。过程是过程方法的基础，只有将过程理解清楚了，才能明白过程方法是怎么一回事。

过程的术语虽然出现得很早，但一直是作为“事情进行或事物发展的经过”来使用的，而且仅是一般性的词语。随着 ISO 9000 的引入和推广，这一术语才逐渐进入管理学领域，成为管理学的基础术语之一。

过程是“将输入转化为输出的相互关联或相互作用的一组活动”。产品是“过程的结果”，服务也是“过程的结果”，而程序则是“为进行某项活动或过程所规定的途径”。使用资源将输入转化为输出的任何一项或一组活动均可视为一个过程。

可以将过程用图 7 予以表示。

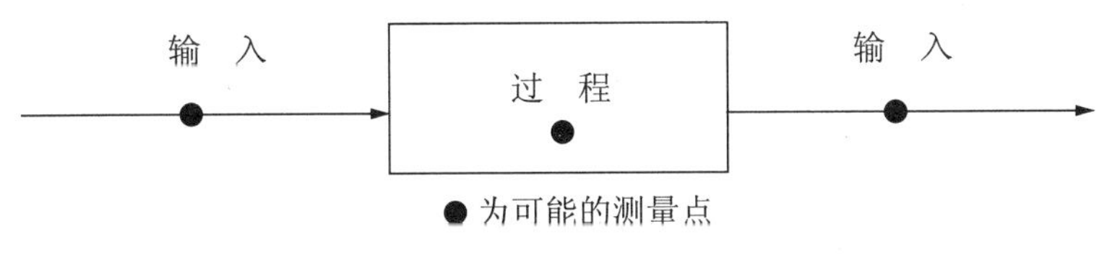

图 7 过程示意图

过程具有以下特征：一是每一过程都有输入。输入的可以是产品，也可以是服务，但都包含了某种信息。为了把握输入，必要时应对其进行测量。二是每一过程都以某种方式包含着人和(或)其他资源，如设施、工作环境等。没有这些资源，过程就不能实现。三是每一过程都有输出。

方法篇

输出是过程的结果,可能是有形产品,也可能是无形产品(例如服务)。一个输出可以是,例如:一张发票、计算机软件、液体燃料、一台医疗设备、一种银行服务、一种任何通用类的最终或中间产品。四是过程本身是(或应当是)一种增值转换。也就是说,经过过程输入的产品或服务(包括信息)和过程中消耗的“资源和活动”,变成了输出的结果,这种结果与输入的东西是不同的。经过了转换,其价值要大于输入的东西和消耗的东西的价值之和,也就是要增值。如果不增值或减值,这个过程就是失败的过程。例如,车工加工过程报废了零件,就是失败的过程。

过程具有可分性。企业的生产经营是一个大过程,这样的过程当然可以细分为不同层级的小过程。但是分到何种层级的小过程为好,应视具体情况和需要来确定。例如企业已有了设计所、供应科、加工车间、装配车间等机构,那么就可以将大过程分为开发设计过程、采购过程、加工过程、装配过程等。而这第二层次的过程如何分解,则交给下属机构去进行。例如,装配过程可以分为部件装配、总装;而总装如果是在流水线上进行,则可以分解到每个员工所干的工作为止。对操作的员工来说,甚至可以分解到每一个动作。

17.2 过程方法

过程方法是 ISO 9000 规定的质量管理八大原则之一(第四)。ISO 9000给出了过程模式图(见图 6),并强调:“本标准鼓励采用过程方法管理组织。”

企业的生产经营是一个过程,把这个大过程进行分解,从市场调研、产品设计、采购、生产、检验、销售、售后服务就形成了一个链形结构,如图 8 所示。

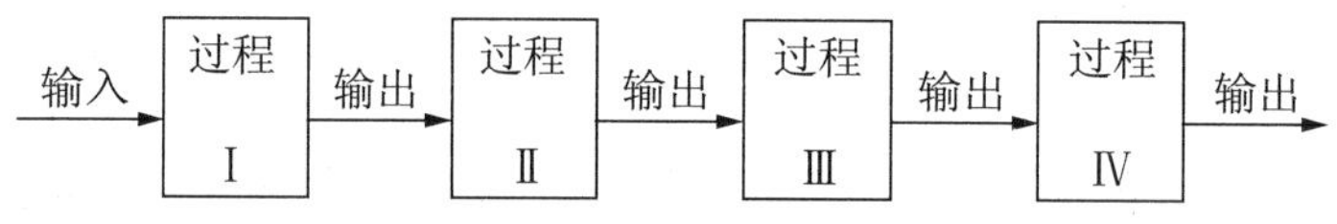

图 8　企业的过程链

从图 8 可以看出，上一个过程的输出直接成为下一个过程的输入。这种过程链既存在于横向形式，例如从原材料进厂到加工、到装配、到产品出厂；又存在于纵向形式，例如从企业最高管理者到管理者代表、到管理人员、到员工；还存在着其他各种形式，例如从科室到车间、到班组、到车间，然后又到别的科室。也就是说，任何一个过程的输入都不是单一的，都可能存在人、机、料、法、环 4M1E 要素的方方面面，而这五大要素的每一个要素又都可能来自多个其他过程。同样，每一个过程的输出也不是单一的，也可能包括多种内容和形式，例如产品和相关信息（产品特性和状态信息、生产状况信息、4MIE 的相关信息等）。这样错综复杂的过程模式就是过程网络。

所谓过程方法，实际上是对过程网络进行管理的一种方法。它要求“系统地识别和管理组织所应用的过程，特别是这些过程之间的相互作用”。过程方法“将活动和相关资源作为过程进行管理，可以更高效地得到期望的结果”。ISO 9000 就是运用过程方法进行质量管理的一种标准模式。

17.3 过程方法的运用

过程方法要求企业从以下十个方面去管理过程。

(1) 识别过程

识别过程实际上也就是对过程进行策划。一般来说，如果某一项过程尚未存在，可以称之为过程策划；而如果已经存在，则是一个识别问题。所谓识别，包括两层含义：一是将企业的一个大过程分解为若干个小过程，二是对已经存在的过程进行定义和分解。

对过程进行定义和分解是为了便于管理并进行质量改进。一般来说，不同的管理层次对过程管理的层次不同，具体问题要进行具体分析。企业领导面对的是整个企业的大过程，定义和分解相对来说也就宏观一些。如果是车间一级管理，则要求把过程定义得更准确一些，例如某零件加工可以分为粗加工、精加工、成品加工等，又可以分为车、铣、钳、磨等。

要进行质量改进，也要首先定义和分解过程，因为质量改进是针对过程进行的，改进的是过程。过程定义不准、分解不明、或将改进的范围（过程）扩大或缩小，都可能导致改进失败。

（2）强调主要过程

企业的过程那么多，过程网络错综复杂，不管是对于哪一级管理者来说，都不可能对其进行有效的管理。平均使用力气，往往会造成管理失败。因此，强调主要过程并对其进行重点控制，对质量管理来说尤为重要。

所谓主要过程，不同的管理人员应有不同的对象。企业领导的主要过程是决策过程，生产车间的主要过程是关键过程（工序）。对质量管理部门来说，加强对设计开发过程、采购过程、检验过程、不合格品处理过程的监控尤有重要。一般来说，对主要过程应当有特殊的监控方法，例如对关键过程就应建立质量管理（控制）点。

（3）适当简化过程

过程越复杂，越容易出问题。根据实际情况对一些过程进行简化是质量管理的重要方法。所谓简化，一是将过分复杂的过程分解为较为简单的小过程，二是将不必要的过程取消或者合并。

装配流水线是典型的将过分复杂的过程分解为较为简单的小过程的例子。不管是汽车还是一般电子产品，开始时都是由一名工人负责整台产品的装配，因而要求他具有很高的技术水平，而且还难保证他不因疏忽而出质量问题。后来，将这样的装配过程分解成简单的小过程，形成装配流水线，不仅提高了工作效率，而且质量也得到了保证。这样的简化，即使在现在的企业中也还是有机会进行的。

不管是技术人员还是管理人员，似乎都有一种倾向，喜欢把过程搞得过分复杂，增加很多不必要的过程，使过程程序过多过滥，似乎只有这样才能保证质量。事实上，这种倾向不仅增大了成本，而且加重了管理难度，对质量不仅无益而且有害。因此，将不必要的过程取消或者合并是必要的。例如，企业里复印文件资料，如果都要实行三审三批制，甚至还要办理财务手续之类就很不必要。

(4)按优先次序排列过程

由于过程的重要程序不同,管理中应按其重要程序进行排列,将资源尽量用于主要过程或重要过程,以及影响大过程的瓶颈过程。当然,这并不是说对次要过程就可以放弃管理,可以不给予资源保障。

(5)制定并执行过程的程序

要使过程的输出满足规定的质量要求,必须制定并执行程序。没有程序,过程就会混乱,不是过程未能完成,就是过程输出出现问题。程序包括两种,一种是形成文件的书面程序,一种是工作习惯形式的非书面程序。前者如工艺文件、作业指导书、生产流程图等,当然也包括质量管理体系程序。但大量的程序都是后者。前者往往只针对主要过程和关键过程的制定,而大量的过程实际上是靠员工自己去控制的。例如清洁工先清扫哪儿后清扫哪儿,打字员打开电脑先进入什么软件程序,等等,则不必去规定书面程序。过分的约束,不利于发挥员工的积极性,其结果往往适得其反。非书面程序的执行是靠员工自己掌握的。当然,这离不开培训。

(6)严格职责

任何过程都需要人去控制才能完成。因此,职责就是确保人力资源的投入。所谓严格职责,包括三方面内容:一是任何一个过程(包括过程中的任何一道程序)都必须规定由谁去做;二是这种规定必须严格执行,也就是说,被规定去做的人必须去做;三是对他做的情况及其结果应当进行适当的监督、检查,并给予适当的奖励或惩罚。不这样,过程虽然明确,却无法完成,或完成的结果与期望相差甚远。

(7)关注接口

所谓接口,是上一个过程的输出和下一个过程的输入之间的连接处。如果接口不相容或不协调,就会出问题。过程方法特别强调接口处的管理,把它作为管理的重点。

一般情况下,接口可能出现以下问题:一是上一过程的输出不能满足下一过程输入的需要;二是上一过程的输出信息未能传递给下一过程;三

是接口处无人管理；四是接口之间尚需过程来补救；五是下一过程对上一过程输出的情况没有反馈意见；六是上、下两个过程都要争夺接口权利，等等。对这些问题，需要上、下两个过程之间进行协调，必要时应由高一级的管理人员来协调。通过协调，采取对相关事项进行必要的规定，对违反规定的进行及时纠正，定期进行检查等措施，上述问题便可以得到解决。

(8)进行控制

过程一旦建立，一旦运转，就应对其进行控制，防止其出现异常。控制时，要注意过程的信息。当信息反映有异常倾向时，应及时采取措施，使其恢复正常。

对加工企业来说，控制的主要对象是产品实现过程，包括与顾客有关的过程、设计和开发、采购、生产和服务的运作等。除此之外的其他过程也应进行控制，例如文件的形成过程就应经过策划、起草、审核、本部门领导审批、相关部门会签、企业领导批准签发以及复核、校对、检查等控制过程。

(9)改进过程

任何过程都存在着加以改进的可能性。对过程进行改进可以提高其效率或效益。所谓过程存在改进的可能性，一是指过程存在不足（未能充分发挥所投入的资源的潜力）；二是指过程存在缺陷，例如其输出质量达不到规定要求；三是指可以改进得更好（例如与先进水平比较还有差距）。这些可能性可以通过测量和分析来加以发现，可以通过分析原因并采取措施来加以解决。

(10)领导要不断改进自己的过程

企业领导的工作也是一种或一类过程，一般属于决策过程。企业领导对自己的过程进行改进可以提高过程质量，因而对企业的影响也就更大。特别是领导的决策，往往可能关系到企业的兴衰，更要注意对决策过程加以改进，例如增加决策过程的科学性（运用决策技术）、代表性（例如吸收员工或专家的意见作参考）、及时性（不误时机）。另外，企业领导提高自己的演说能力，改进会议过程；提高自己的协调能力，改进协调过程，等等，也是必要的。

18 PDCA 循环方法

PDCA 循环方法是美国质量管理专家戴明发明的，因而又被称为"戴明循环"。PDCA 循环体现的思想方法和工作步骤，不但适用于质量改进，而且也适用于其他工作，甚至可以运用于我们的日常生活中。作为企业领导，掌握 PDCA 循环方法，可以提升自己的思维能力和工作能力。

实际上，PDCA 循环方法与过程方法是相通的。ISO9001 在介绍过程方法时加了一个注："此外，称之为'PDCA'的方法可适用于所有过程。PDCA 模式可简述如下：P 是策划：根据顾客的要求和组织的方针，为提供结果建立必要的目标和过程；D 是实施：实施过程；C 是检查：根据方针、目标和产品要求，对过程和产品进行监视和测量，并报告结果；A 是处置：采取措施，以持续改进过程业绩。"实际工作中，如果我们能够把过程方法与 PDCA 循环方法结合起来，往往能够取得更好的效果。

18.1 PDCA 循环的四个阶段、八个步骤

PDCA 是英文的计划、执行、检查、处理（处置）四个词的第一个字母。PDCA 循环的意思就是说，做一切工作、干任何事情都必须经过这四个阶段，这四个阶段是永不停止、不断循环的，如图 9 所示。

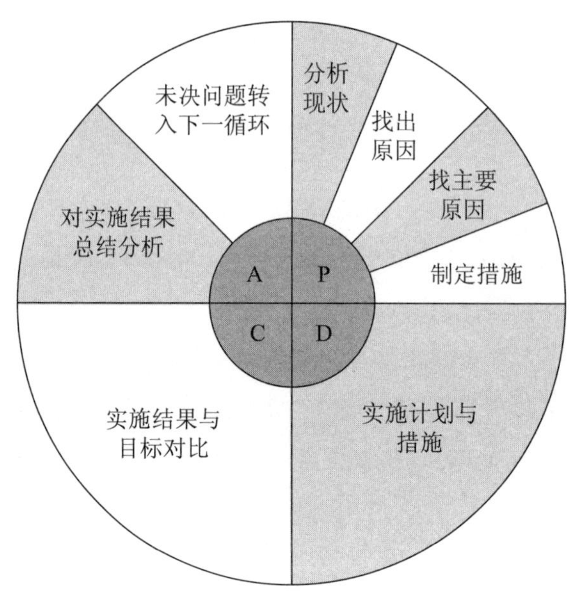

图 9　PDCA 循环的四个阶段

P 阶段——计划阶段

这个阶段的工作主要是找出存在的问题，通过分析，制定改进的目标，确定达到这些目标的措施和方法。其内容又包括了以下四个步骤。

①分析现状，找出存在的问题。作为企业领导，可以通过质量审核、质量评审、收集顾客意见等方法来了解可以改进的地方，可以通过分析相关数据和资料来把握存在的问题，也可以通过与国内外先进企业进行对比来寻找自己的差距。在寻找存在的问题时，可以用排列图和控制图等质量管理工具来进行统计分析。分析现状时切忌“没有问题”、“质量很好”等自满情绪。要针对产品、过程和管理中的问题，尽可能用数据加以说明，确定需要解决的主要问题。

②分析产生问题的原因。对产生问题的原因要加以分析，要逐个问题、逐个因素详加分析，尽可能将产生问题的各种影响因素都罗列出来。分析时切忌主观、笼统和粗枝大叶。分析原因一般要用到因果图。

③找出影响问题的主要原因。影响质量的因素往往是多方面的。对产品来说，有人、机、料、法、环五大要素。对管理来说，有管理者、被管理

者、管理方法、使用的管理工具、人际关系等。每项大的要素中又包含许多小的影响因素。例如，从人的角度来说，既有不同人员的区别，又有同一个人因心理状况、身体状况变化引起的不同原因，还有诸如质量意识、工作能力等多方面的因素。在这些因素中，要全力抓出直接影响质量的主要因素，以便从主要原因入手去解决问题。在这个过程中，切忌“眉毛胡子一把抓”，“丢了西瓜捡芝麻”，切忌什么原因都去管，结果却什么也管不了，从而导致质量改进的失败。

④针对主要原因制定措施计划。这一步很重要，措施计划一定要具体，切实可行，并能预计其效果。计划和措施的拟定过程必须明确以下几个问题：

Why（为什么），说明为什么要制定措施计划。

Where（哪里干），说明由哪个部门负责在什么地点执行措施计划。

What（干到什么程度），说明要达到的目标。

Who（谁来干），说明执行措施计划的主要负责人。

When（何时完成），说明完成措施计划的进度。

How（怎样干），说明如何完成此项任务，也就是措施计划的内容。

以上这六点，分别取其第一字母，简称为5W1H。

D 阶段——实施阶段

这个阶段只有一个步骤：实施计划。也就是按照制定的措施计划，严格地去执行。实施中如果发现新的问题或情况发生变化（例如人员变动），应当及时修改措施计划。

C 阶段——检查阶段

这个阶段也只有一个步骤：检查效果。根据制定的措施计划，检查进度和实际执行的效果，看是否达到预期的目的。检查效果要对照措施计划中规定的目标来进行，要实事求是，不得夸大，也不要缩小，未完全达到目标也没有关系，那可以为进一步改进提供机会。必要时，可以用排列图和控制图等工具来进行分析和验证。

A 阶段——处理阶段

这个阶段包括以下两个步骤。

①总结经验,巩固成绩。根据检查的结果进行总结,把成功的经验和失败的教训纳入到有关的标准、规定和制度中,防止已经解决的问题重新冒出来,再次发生。这一步非常重要,一定要努力做好,否则辛辛苦苦的质量改进就失去了意义。在涉及更改标准、程序、制度、文件、图纸时更要慎重,要进行必要的验证,甚至还要进行多次 PDCA 循环得到充分证实才能进行,而且还要按相关规定进行控制。

②遗留问题转入下一个循环。根据检查,把未解决的问题转入到下一轮的 PDCA 循环中,作为下一轮循环 P 阶段分析现状找出问题的对象。

对遗留问题要进行分析。一方面要充分看到成绩,不要因为有遗留问题就否定质量改进,打击员工质量改进的积极性;另一方面又不能盲目乐观,对遗留问题视而不见。不管是什么问题,往往不是一次改进就能解决的。质量改进之所以是持续的、不间断的,就在于任何质量改进都可能有遗留问题。而且,质量改进成功后,在新的情况下又可能产生新的问题(已经上升了一个层次)。因此,进一步改进的可能性总是存在的。这也是持续改进的理论基础之一。

还要看到,质量改进也可能归于失败,不仅没有解决原来的问题,而且可能产生出新的问题,但只要不断总结经验、坚持改进,肯定能够获得成功。

需要说明的是,PDCA 循环的四个阶段是不能跨越的,而八个步骤则可增可减,视具体情况而定。在八个步骤中,又要把重点放在处理阶段的巩固成绩这个步骤上。如果成绩不能巩固,没多久就“复旧”了,问题继续摆在那里,质量改进就是失败的。

18.2 PDCA 循环的特点

(1)循环不停地转动,每转动一周提高一步

PDCA 循环的四个阶段是紧密地连在一起的,如同一个转动着的车轮，转动一次前进一步，不停地转动，不断地前进，也好像是上楼梯逐步在提高（如图 10 所示）。每次循环都应有新的目标和内容，质量问题才能不断得到解决和提高。

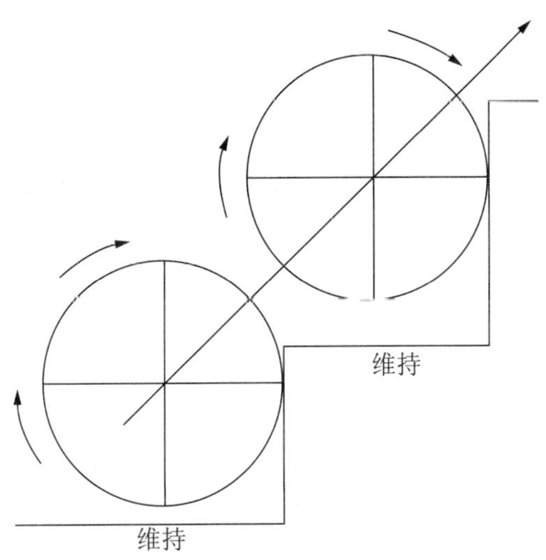

图 10 PDCA 循环不停地转动和提高

（2）大环套小环，小环保大环，相互联系，彼此促进

如图 11 所示，PDCA 循环是质量管理的基本方法，不仅适用于整个企业，而且也适用于各部门、车间、工段和班组，甚至也适用于我们个人。就一个企业而言，其循环是一个大环，而其他部门、车间等则是大环中的

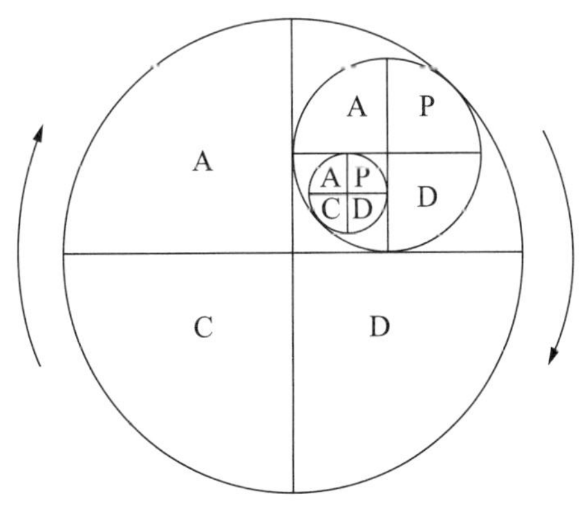

图 11 大环套小环

小环。大环是小环的母体或依据,小环则是大环的分解和保证。这样大环带动小环转动,小环保证大环运转,围绕着企业的方针目标朝着一个方向转动。通过 PDCA 循环把企业的各项工作有机地组织起来,彼此促进。

(3) PDCA 循环是一个综合性的循环

如图 12 所示,PDCA 循环的四个阶段并非是截然分开的,而是紧密衔接连成一体,各阶段之间也还存在着一定的交叉现象。在实际的工作中,往往是边计划边实施,边实施边检查,边检查边总结边调整计划。也就是说,我们不能机械地去理解和转动 PDCA 循环。

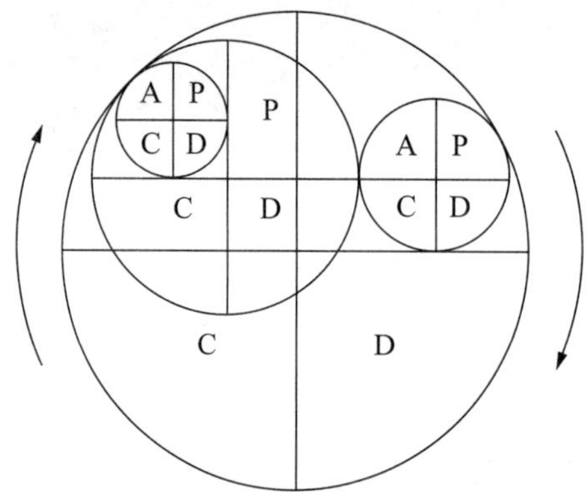

图 12　PDCA 循环各个阶段交叉

19 TOC 方法

19.1 TOC 的基本理论

TOC 是 theory of constraints 的简称,称为制约理论,又称为约束理论,是以色列籍物理学家和企业管理大师高德拉特博士发明的一套企业管理方法。其理论核心是:整个系统的绩效通常总是由少数因素决定的,这些因素就是系统的制约因素。TOC 着重于指导企业找出运作上的制约因素,并尽量利用掌握的有限资源(资金、设备、人员等),让企业在极短的时间内,在无需大量额外投资的情况下,使企业运作及盈利得到显著改善。

TOC 是关于企业应做哪些变化,以及如何最好地实现这些变化的理论。TOC 认为,任何系统至少存在着一个约束,否则它就可能有无限的产出。要提高一个系统的产出,必须要打破系统的约束。任何系统都可以看做是由一连串的环所构成的,环与环相扣,这个系统的强度就取决于其最弱的一环,而不是其最强的一环。

企业也是一个系统,企业也是一条链条,每一个部门就是这个链条中的一环。企业这条链条也可以按投入/产出过程的阶段来划分为环节,如果一个环节的产出依赖于前面一个或多个环节的产出的话,那么,这个系统最终的产出将受到系统内效率最低那个环节的限制。如果想达到预期的目标,就必须从最弱或效率最低的一环,也就是从瓶颈(或约束)的一环下手,才可能得到显著的改善。换一句话来说,如果这个约束决定一个企业达到目标的速率,就必须从克服这个约束着手,才能够以更快速的步

伐,在短时间内显著地提高企业的产出或效益。

对企业来说,最大的目标就是取得更多的利润。为实现这一目标,可以有三条途径:增加产销率、减少库存、减少运营费用。高德拉特博士认为,这三条途径中,减少库存和减少运营费用会碰到最低减少到 0 的限制,而对于通过提高产销率来取得更多利润的可能性则是无穷无尽的。TOC 开发出一系列工具来帮助企业重新审视自己的各种行为和措施,看它们对于企业目标的实现产生了怎样的有利或不利的影响。

其实,TOC 的哲学基础并不奥秘,就是我们熟悉的“水桶理论”,也就是“决定水桶盛水量多少的是最短的那块木板”。高德拉特从系统的角度出发,强调提高系统的有效产出、降低库存、减少运作费用。他经常质疑企业:购买了先进的新设备、增加了新的计算机系统、改进了管理方法等,企业的利润增加了没有?增加了多少?然后他为企业分析,如果不打破传统思维的束缚,不改变现行的成本会计核算方法带来的思维定势,往往难以改变现状。TOC 强调管理的重点是系统中最薄弱的环节(瓶颈),其目的是提高整个系统的有效产出,使效益最大化。

19.2 TOC 思维方法

TOC 把企业作为一个整体来进行分析和研究,它关注的首先不是企业的某些具体行为,而是企业管理的思维过程和改进的基本逻辑过程,提出了一整套发现问题和解决问题的思维方法和持续改进的五个基本步骤。这些思维方法和五个步骤构成了 TOC 独特的管理方法框架,从而帮助企业找出目标实现过程中存在的障碍,并实施必要的改变来消除这些障碍。

作为企业领导,特别需要掌握 TOC 思维方法。

企业经营管理中肯定要面对各种各样的问题,准确识别核心问题是企业进行突破性改进的前提,企业领导需要具备准确抓住核心问题的能力。要正确提出问题,就要对企业存在的问题进行系统分析,要解决的问题必须是企业存在的而不是臆想的。TOC 思维方法提出了识别企业核心问题的思维工具,也就是 TOC 思维方法的第一步。这个核心问题可以归纳为:要改变什么(What to change)?

确定了要解决的核心问题之后,还需要确定改进的目标。只有目标确定了,才能确定改进的方向和结果,才能避免改进过程中出现随意性。TOC 思维方法的第二步就是:要改进成什么 (To what to change)?

第三步是 TOC 思维过程中最困难也最关键的一步:怎样使改进得以实现(How to cause the change) ? 在改进过程中,应当根据需要改进的问题来选择合适的人选,并通过合适的人选去实施改进的方案。

一般人经过经验的累积,遇到问题时通常会通过直觉来解决问题,但往往只是针对问题的结果或症状,而不是问题根本的原因,花了许多时间、精力和成本,却没有触及问题的核心。TOC 告诉我们,要通过逻辑的程序,系统地指出问题的核心所在,再依此建构一个完整的方案,并消除可能产生的负面效应,制定出导入和行动的方案。

对企业领导来说,掌握这样的思维方法是很必要的,也是经常需要用到的,可以应用到企业的各种管理问题中,生产、销售、项目管理、公司战略的制定、沟通、授权、团队建设等,都可以运用。

19.3 TOC 方法的五个步骤

第一步:找出(Identify)企业中存在的制约因素。

任何企业都存在着影响企业目标实现的因素,这样的因素称为制约因素,也就是瓶颈。制约因素数量不多,但是却决定了企业的产出,因而是企业管理的重点。

第二步:最大限度利用(Exploit)瓶颈,也就是提高瓶颈利用率。

制约因素的损失意味着整个企业的损失,因此,首先要降低制约因素的损失。对制约因素的管理,首先就要通过一定的管理方法,让制约因素充分运作,最大限度地发挥制约因素的效能,不让其产生任何浪费,以提高制约因素的利用率。

第三步:使企业的所有其他活动服从于第二步中提出的各种措施。

为了使制约因素充分运作,就要对非制约因素进行相应的管理,让非制约因素提供的资源能够充分满足制约因素的运作要求。非制约因素迁就制约因素,可能造成非制约因素效率损失,但这样的损失对企业来说并不是真正的损失。非制约因素的加强,并不能够增强整个企业的有效产出。

第四步:打破(Elevate)瓶颈。

也就是解决第一步找出的瓶颈问题,让制约因素松绑,使其不再成为瓶颈,使其从制约因素变为非制约因素。如果第三步还达不到这样的目标,就要设法采取其他措施,包括增加必要的投入,尽可能给制约因素松绑。总之,要使它不再成为瓶颈,或者将瓶颈转移到别处。

第五步:重返(Repeat)第一步。

别让惰性成了瓶颈,也就是要进行持续改进。企业不可能没有制约因素,如果真的没有制约因素,企业的绩效就会趋于无限大,这是不可能的事。事实上,一个制约因素松绑后,瓶颈可能转移,原来的某个非制约因素可能成了新的制约因素。因此,要重新回到第一步,寻找这个新的制约因素,开始新的循环。

19.4 TOC 方法的运用

TOC 在生产运作管理、项目管理、市场营销以及信息技术运用上都是很实用的方法,不少企业运用 TOC 理论都取得了很大的成功。

对质量管理来说,TOC 在质量改进中的运用是最重要的。不管是 ISO9000 强调的持续改进还是全面质量管理所指的质量改进,往往都偏重于具体的产品、过程以及体系要素。虽然也强调改进的有效性,但往往不是系统的有效性。TOC 强调的是整个系统的有效性。按系统论的说法,1+1 可能大于 2,也可能等于 2,还可能小于 2。因此,具体的产品、过程以及体系的有效性,并不一定就可以带来整个系统的有效性。

虽然在质量改进中也强调“识别组织业绩的改进机会”,例如,在 QC

小组活动中强调选题的重要性,但是,对于一般员工来说,往往不可能关注到整个企业的业绩,而往往只能关注与自己工作有关的课题。这样,对于全员参与的质量改进来说,解决的往往不是企业的瓶颈问题。由于大多数质量改进并没有针对企业的瓶颈问题,按 TOC 的理论来说,就难以为企业真正增加效益,甚至还可能给企业造成损害。

且举例来说明:在一条生产线上有若干工序,A、B、C、D 工序都要通过 E 工序才能最后完工,而 E 工序恰恰是瓶颈。如果 E 工序得不到改进,不管 A、B、C、D 工序如何改进,都不能提高这条生产线的产出。虽然对 A、B、C、D 工序进行改进后,也可能减少了工时,提高了效率,往往并不能提高整条生产线的有效性。如果因为 A、B、C、D 工序提高了效率,管理者又去"扭紧螺丝钉"(加大工作任务)的话,只会造成更多的零部件库存积压。按现行成本会计法核算,"扭紧螺丝钉"(加大工作任务)后,A、B、C、D 工序的效率提高了、成本降低了,也就有了效益。如果作为成果,也就可以写上节约或增加好多万元。但是,库存增加不仅没有为企业带来效益,反而占用了流动资金并且增大了企业的流动资金压力,企业不仅可能为此多支付相应的利息,而且因流动资金被占用很可能影响企业的经营。事实上,不少企业就是因为流动资金不畅而陷入困境的。这个例子具有相当的普遍性,质量改进成果所报之喜,相当一部分就是这样的"喜"。

正因为如此,高德拉特对现行的成本会计核算法进行了激烈的批判,提出了使系统整体有效产出最大化的财务核算方法。这种核算方法的核心是:彻底改变成本会计核算法分摊费用的做法,从有效产出的角度来重新认识库存,把库存(包括成品和零部件、材料、原料等)不看做是收入,而看做是成本。按这样的财务核算方法来认识质量改进,质量改进首先应当针对瓶颈来进行,一旦解决了系统的制约因素,系统才能够真正提高有效性。在非瓶颈上投入(质量改进往往也需要投入),往往是见不到效益的,甚至可能是得不偿失的。

如果我们接受高德拉特的理论,就不能不对质量改进进行一番新的反思,就不能不转变质量改进的一些旧观念。

20 价值工程法

20.1 质量过剩与质量不足

由于种种原因，绝大多数产品，特别是机械电子类产品，都可能存在质量过剩或质量不足的情况，两者往往同时存在。任何产品都有很多的质量特性和质量特性值，这些质量特性和质量特性值的水平不可能完全均等、完全一致，总会有些高、有些低。那些高的，可能就是质量过剩；那些低的，可能就是质量不足。

产品中的质量过剩，对顾客来说是多余的，也是没有用的。这种无用的质量，却需要企业投入相应的成本。企业投入的成本，肯定要通过提高产品销售价格转嫁给顾客。顾客白花了一笔钱，却买来没有用处的“质量”，购买成本（损失 C）增加了，收益 S 却没有增加，相应就降低了顾客的质量效益，顾客就吃亏了。顾客一旦感到吃亏，就可能拒绝或抵制，最终的恶果还是要由企业来承担。

对企业来说，为质量过剩投入的成本，可以通过提高产品销售价格转嫁给顾客，企业不会因为过剩质量而吃亏，还可能赚取一定的利润。但是，在市场竞争中，提高销售价格就意味着降低产品竞争能力。竞争对手如果没有这样的质量过剩，不支付这样的成本，就会赢得“先手”。因此，企业应当尽可能消除质量过剩。

同样的道理，只要产品能够销售，质量不足对企业来说好像也没有关系。相反，如果要补足质量不足，企业还要支付更多的成本，好像很不划算。但是，质量不足就会降低顾客的收益，从而降低顾客的质量效益。我们知道，一只水桶盛水的多少，并不取决于桶壁上最高的那块木块，而恰恰取决于桶壁上最短的那块。这就是所谓的“水桶理论”。“水桶理论”完全适用于产品质量。也就是说，一件产品的质量水平往往是由它的所有质量特性或所有质量特性值中最差的那个质量特性或质量特性值来决定的。质量不足，某一质量特性或质量特性值太差，就会影响整个产品的质量水平。例如，馒头虽然很有热能、很有营养，也很可口，但却受到污染，大肠杆菌严重超标，这个馒头的质量还能说好吗？你还愿意吃吗？即使那些重要性较低的质量特性或质量特性值，也会大大拉低整个产品的质量水平。20 世纪 80 年代，韩国出口到日本的袜子，既结实又美观，却只能摆在地摊上廉价卖，而且问津者甚少。韩国商人感到不可思议，就去日本调查。日本人说：“你们那袜子上的标签为什么不贴正呢？连小小的标签都贴不正，怎么能让人相信你们的袜子质量好呢？”这个故事说明，质量不足不是小事。即使是标签这个很不重要的质量特性值，往往也反映了产品的整体质量水平。

事实上，除了设计失误的原因之外，质量不足往往是企业把关不严造成的。要补足质量不足，往往不需要企业投入过大的成本，有时甚至只要加强管理就能补足。例如，让步放行造成的质量不足，只要严格不合格品处理程序，就能大大降低由此造成的质量不足。即使是设计造成的质量不足，要补足质量，也并不困难。要把质量不足变为质量充足，也需要进行价值分析，也可以采用价值工程的方法来进行。但价值工程主要针对的是质量过剩问题。因此，我们在介绍价值工程时，主要讨论消除过剩质量的问题。

20.2 价值、功能与成本

人们从事某种活动（特别是生产活动）或购买某种产品时，首先要考虑的是两个问题：一是能够获得多大的收益或效果，二是需要花多少钱。经过权衡，如果觉得划算，觉得值得，就会认为这样的活动或这样的产品是有价值的；反之，则会认为得不偿失，不划算，就会拒绝。例如，企业准

备生产某种产品，耗费少、成本低，而销售价格相对较高，市场前景看好，这样的产品对企业来说就是很有“价值”的。

价值工程（Value Engineering），又称为VE工程，是一种有组织的技术经济思想方法和管理技术，是降低成本、提高效益的一种有效方法。第二次世界大战期间，美国市场原材料供应十分紧张，美国通用电器公司急需石棉板，但石棉板货源不稳定且价格昂贵。工程师L. D. 麦尔斯通过对使用石棉板的功能进行分析，发现其用途是铺设在给产品喷漆的车间地板上，以避免涂料沾污地板引起火灾。麦尔斯在市场上找到一种防火纸，这种纸同样可以起到这样的作用，并且成本低，容易买到，从而为企业节约了大量费用。

通过这个改善，麦尔斯将这个方法推广到企业其他的地方，对产品的功能、费用与价值进行深入的系统研究，提出了功能分析、功能定义、功能评价以及如何区分必要和不必要功能并消除后者的方法，最后形成了以最小成本提供必要功能，获得较大价值的科学方法，最终形成了价值工程这门学科。

麦尔斯认为，顾客购买的不是产品，而是产品具有的功能，而且顾客在购买功能时，希望为此而支付的费用最低。虽然这与朱兰博士关于“顾客需要的不是产品，而是产品提供的劳务”以及我们提出的质量效益公式存在一定的差异，但思路一致，异曲同工。只有真正理解了这两个基本点，才能真正理解价值工程。麦尔斯正是从产品的功能和购买产品功能所花费用之间的关系，提出了“价值”的概念。

在价值工程中，价值有其特定的含义，与哲学、政治经济学、经济学等学科关于价值的概念有所不同。既不同于政治经济学所讲的“价值”，也不同于政治经济学中的“使用价值”。价值工程中的价值是一种“评价事物有益程度的尺度”。价值高说明该事物的有益程度高、效益大、好处多；价值低则说明有益程度低、效益差、好处少。例如，人们在购买商品时，总是希望物美而价廉，即花费最少的代价换取最多、最好的商品。价值工程把价值定义为：对象所具有的功能与获得该功能的全部费用之比，或者说是反映费用支出与获得之间的比例，也就是：

价值＝功能（效用）/成本（费用）

用数学比例式表达为：

$$V = F/C$$

式中：V 为价值，是指对象具有的必要功能与取得该功能的总成本的比例，即效用或功能与费用之比。质量水平越高，产品越有价值；产品越有价值，其质量水平就越高。

F 为功能，是指产品的性能或用途，即所承担的职能，或者说是产品为顾客提供的使用价值或效果，例如，彩电能够为我们提供视听享受，汽车能够为我们提供交通便利。任何产品都具有一定的功能，没有功能的产品就不会有人需要，因而就不是产品而是废品。价值工程认为，功能对于不同的对象有着不同的含义：对于物品来说，功能就是它的用途或效用；对于作业或方法来说，功能就是它所起的作用或要达到的目的；对于人来说，功能就是他应该完成的任务；对于企业来说，功能就是它应为社会提供的产品和效用。总之，功能是对象满足某种需求的一种属性。价值工程的功能，其实质是产品的使用价值，也就是说，功能是使用价值的具体表现形式。任何功能无论是针对机器还是针对工程，最终都是针对人类主体的一定需求目的，最终都是为了人类主体的生存与发展服务，因而最终将体现为相应的使用价值。价值工程的功能，实际上就是使用价值的产出量。用质量效益公式来说，功能大体相当于公式（$Q = S - C$）中的收益 S（可能要排除顾客因购买和使用产品获得的心理收益）。C 为成本，是指产品或劳务在全寿命周期内所花费的全部费用，不仅仅是生产成本，而是产品寿命周期成本，是为了实现某种功能所需支付的全部费用，包括制造成本和使用成本，包括了人力、物力和财力资源的耗费，大体相当于质量效益公式（$Q = S - C$）中的损失 C（可能要排除顾客在购买和使用过程中受到心理伤害造成的心理损失）。

价值工程的运用对象相当广泛，不仅产品整机，就是零件、部件、材料、原料、工艺，甚至某道工序，都可以用价值工程的原理和方法来进行研

究和分析，力求降低成本，提高功能。但是，产品的功能和成本一般都是由设计决定的。因此，价值工程主要用于设计过程。运用价值工程的过程，也可以看做是质量改进的过程。

20.3 价值工程的特点

前面我们介绍过最佳质量水平，价值工程就是实现最佳质量水平的一种科学方法。

从价值工程的公式可以知道，提高价值的基本途径有五种：①提高功能，降低成本，大幅度提高价值；②功能不变，降低成本，提高价值；③功能有所提高，成本不变，提高价值；④功能略有下降，成本大幅度降低，提高价值；⑤提高功能，适当提高成本，大幅度提高功能，从而提高价值。

显然，要提高产品价值，主要取决于降低产品成本和提高产品功能。不错，在一定条件下，产品功能与产品成本是正相关的，产品要有较好的功能，往往就要支出较多的成本。但是，从长远来看，随着科学技术的推进，随着生产经营的发展，随着企业管理水平的提高，这样的关系也可能发生变化，功能提高了，成本不一定就会提高，或者只是略有提高。在运用价值工程时，要认真分析产品功能与产品成本之间的关系：一是要根据客观需要，科学地确定产品功能，尽可能简化产品的结构。二是要通过研究分析，找出产品中存在的不必要的或多余的功能，并尽可能剔除。三是要通过改进产品功能实现的方式，例如，简化加工方法，减少原材料耗费，尽可能降低产品成本。四是要针对一些高成本的功能采取措施，例如，通过改进设计、改进制造工艺、采用借用原材料等方法，尽可能把高成本降低下来。

当然，价值工程并不是只注重消除多余功能和过剩质量。通过价值分析，如果发现功能不足或质量不足，也可以采取措施予以补足。由于产品功能更加完善，质量水平更高，能够为顾客提供更多的质量效益，为此，即使增加一些成本也是值得的，也是划算的。不过，价值工程还是偏重于消除多余功能或过剩质量。

价值工程着重研究用最低费用向顾客提供所要求的必要功能，是一种行之有效的降低成本的科学方法，也是实现最优成本的最优化方法之一，具有以下一些特点。

一是以顾客为关注焦点。任何一种产品，如果没有顾客，也就没有存在的必要。如果一种产品顾客少，或者顾客不喜爱、不欢迎、投诉多、怨声大，这种产品也就是没有生命力的。价值工程是建立在顾客对功能的需要之上的，把顾客对功能的需求和对质量效益的期望作为自己的出发点，把满足顾客的需求和期望放在首位，与全面质量管理的基本要求和ISO 9000国际标准提出的原则，完全是一样的。

二是以寻求最低寿命周期成本来实现产品必要功能为目标。价值工程不是单纯强调功能提高，也不是片面地要求降低成本，而是致力于研究功能与成本之间的关系，找出二者共同提高产品价值的结合点，克服只顾功能而不计成本或只考虑成本而不顾功能的盲目做法。设计人员往往有片面追求过多功能、追求质量尽善尽美的倾向。通过推行价值工程，可以帮助他们克服这种倾向。

三是以功能分析为核心。顾客需要的不是产品，而是产品提供的功能。价值工程要研究的就是顾客所需的必要功能的内容，以及如何用最低费用实现这些必要功能的途径。因此，运用价值工程，最重要的是进行价值分析，也就是对产品功能和所需费用进行分析。这是价值工程独特的一种研究方法。在价值分析中，产品成本计量是比较容易的，可按产品设计方案和使用方案，采用相关方法获取产品寿命周期成本。但产品功能的确定却相当复杂，也相当困难。绝大多数功能往往都是抽象的指标，影响功能的因素不仅很多很复杂，而且还不容易定量计量，加上设计方案、制造工艺不完善，不必要功能的存在，以及人们评价产品功能的出发点和方法存在着很大的差异性，等等，造成产品功能难以准确界定。因此，产品功能分析就成为开展价值工程活动的核心。

四是有组织的活动。开展价值工程活动，不仅贯穿于产品整个寿命周期，而且涉及企业的经营管理、产品设计、生产组织、产品制造、供应链

管理、检验试验、产品销售和售后服务等各个方面，需要运用产品设计、材料选择、制造工艺、技术经济分析、质量管理等多种知识和方法。因此，要通过有组织的活动，发挥各方面专家的智慧和经验，加强相关部门的配合，才能获得成功。靠某一个专家能人单打独斗，或者只靠设计部门闭门造车，是不可能完成价值工程的。

五是技术和经济有机地结合。技术与经济是产品的两个方面。但是，不少企业的技术人员和会计人员却相互隔阂，“鸡犬之声相闻，老死不相往来”。尽管产品的功能设置或配置是一个技术问题，而产品成本的降低是一个经济问题，价值工程通过“价值”（单位成本的功能）这一概念，把技术工作和经济工作有机地结合起来，指导技术人员去关心成本费用，要求会计人员去考虑技术问题，可以克服技术与经济脱节的现象，特别是克服产品设计制造过程中技术工作与经济工作脱节的现象。

六是采用系统分析方法。价值工程是一个的创造性活动，是一个完整的系统工程，需要运用各种技术知识和技术方法，有效地识别那些对顾客需要没有贡献但增加成本费用的因素，来改进产品、工艺和服务，以提高价值。要开展价值工程活动、进行价值分析，必然需要产品成本、功能指标、市场需求等有关的信息数据。要以信息为基础，采用系统分析方法，既不能只考虑产品功能而不考虑产品成本，又不能只考虑产品的某一个部分或某一个零部件而不考虑产品整体，而要从大处着眼，从小处着手。没有系统思维显然是不行的。

七是以提高质量效益为目的。通过研究产品的功能和所需费用，价值工程能够在保证功能不变或略有下降的情况下，降低生产成本或使用成本。用公式 $Q=S-C$ 来计算，对顾客来说，降低了使用成本（如果企业因为降低了生产成本而降低了销售价格就更好了），就可以降低损失 C，从而增大自己的质量效益。对企业来说，降低了生产成本，就可以提高自己的利润。即使因为降低了生产成本而相应降低了销售价格，也会增强自己的竞争优势，通过增加销售量来增加自己的利润。对全社会来说，降低产品成本，就是降低资源消耗，减少环境污染，所产生的质量效益往往更值得重视。

科学技术是在发展的，新技术、新工艺、新材料、新设备、新的管理理念、新的管理方法层出不穷。原来确定的功能、原来的质量水平，在新的条件下可能需要增加或减少、提高或降低，甚至可能成为多余或过剩，需要消除；原来合理的成本，在新的条件下可能不合理了，需要降低。因此，企业开展价值工程不是"一锤子买卖"的事，不能搞过一次就一劳永逸。企业在发展过程中，产品也在不断进化中，企业应当有间隔地、有计划地对产品进行价值分析，不断分析顾客的需求和期望，不断寻找实现产品价值的最佳、最优方案，不断改进，不断促进，并在这个过程中实现产品的创新。可以说，产品创新才是企业开展价值工程的最终目标。

20.4 价值工程法的七个步骤

价值工程已经发展成为一项比较完善的管理技术，在实践中已经形成了一套科学的实施程序。价值工程的运用过程，实质上就是提出问题和解决问题的过程，也就是发现矛盾、分析矛盾和解决矛盾的过程。

在运用价值工程时，通常是围绕以下七个合乎逻辑程序的问题展开的：①这是什么？②这是干什么用的？③它的成本是多少？④它的价值是多少？⑤有其他方法能实现这个功能吗？⑥新的方案成本是多少？功能如何？⑦新的方案能满足要求吗？

按照顺序回答和解决这七个问题的过程，就是价值工程的工作程序和步骤。

步骤一：选择改进对象。

选择的具体原则是：①从产品构造方面看，选择复杂、笨重、材贵性能差的产品。②从制造方面看，选择产量大、消耗高、工艺复杂、成品率低以及占用关键设备多的产品。③从成本方面看，选择占成本比重大和单位成本高的产品。④从销售方面看，选择顾客意见大、竞争能力差、利润低的产品。⑤从产品发展方面看，选择正在研制将要投放市场的产品。

步骤二:收集情报资料。

收集的情报资料,包括企业的经营目标、质量方针、生产规模、经营效果等资料,以及各种经济资料和历史性资料,最后进行系统的整理,去粗取精,加以利用,寻找评价和分析的依据。

步骤三:进行功能分析。

价值分析的本质不是以产品为中心,而是以功能为中心。功能分析是对产品,对产品的部件、组件、零件进行系统地分析,科学地确定它们的必要功能,结合现实成本,计算它们的价值,以便进一步确定价值工程活动的方向、重点和目标。

功能分析是价值工程的核心和重要手段,主要包括以下工作:①功能定义,就是用最简明的语言,对分析对象的功能进行确切的描述,明确分析对象应具备的功能。②功能整理,就是将定义了的功能加以系统化,明确它们之间的相互关系。一是进行功能分类,找出哪些是产品的基本功能,哪些是产品的辅助功能,哪些是必要功能,哪些是不必要功能,哪些是最终目的功能(一级功能),哪些是手段功能(二级或以下功能)。二是确定功能系统,绘制功能系统图,把功能之间的关系确定下来。③功能评价,就是引入整个产品或全部零部件的功能成本,对分析对象的功能成本进行比较,通过比较价值系数的大小来找出改进的对象。这个过程比较复杂,鉴于本书的任务,我们对这个过程从略,有兴趣的读者可以参考有关价值工程的专业书籍来掌握。

步骤四:优化改进方案。

找到改进对象后,就要集思广益,制定并提出改进方案。开始时,不同的人可能提出不同的改进方案,因而可能形成多种改进方案,从而需要对不同的方案进行分析和评价,吸取各自的优点和长处,通过不断优化,选出最佳方案。在这个过程中常用的方案评价方法有:优缺点列举法、打分评价法、成本分析法、综合选择法等。

步骤五:试验改进方案。

确定下来的方案是否可行,效果如何,往往需要通过试验来进行验证。因此，在制订和优化方案时，就要考虑试验问题。不能进行试验，就难以真正进行改进。在试验的过程中，还可以发现方案存在的问题，及时修改方案，进一步优化方案。

步骤六：评价方案效果。

通过试验，得到了试验结果。通过对试验结果的分析评价，一方面可以验证方案选择过程中的准确性，发现可能发生的误差，以便进一步修正方案；另一方面可以从性能上、工艺上、经济上证明方案是否可行以及可行的程度。

步骤七：实施改进方案。

通过分析评价，改进方案得到证实，取得了预期效果，就可以把这样的改进方案付诸实施。在正式实施之前，当然需要按照规定的程序修改相关的设计、图样、文件、工艺和制度。实施一段时间后，还要对实施情况进行必要的检查，评价价值工程活动的成果，对可能遗留的问题进行分析，进入第二次循环。

从以上七个步骤可以看到，价值工程活动的过程，实际上就是技术经济决策的过程。

麦尔斯曾经为价值工程提出过13条原则，这些原则在开展价值工程活动时具有重要的指导意义：①使用最好、最可靠的情报。②收集一切可用的成本资料或费用数据。③分析问题要避免一般化、概念化，要进行具体分析。④发挥真正的彻底的独创精神。⑤打破现有框框，进行创新和提高。⑥充分利用有关专家，扩大专业知识。⑦找出障碍，克服障碍。⑧对于重要的公差，要换算成加工费用来认真考虑。⑨尽量采用专业化工厂的现成产品。⑩利用和购买专业化工厂的成熟技术。⑪采用专门的生产工艺。⑫尽量实现标准化。⑬以“我是否这样花自己的钱”作为判断标准。这13条原则中，第①条至第⑤条是属于思想方法和精神状态的要求，提出要实事求是，要有创新精神；第⑥条至第⑫条是组织方法和技术方法的要求，提出要尊重专家、重视专业化和标准化；第⑬条则提出了价值分析的判断标准。

20.5 如何运用价值工程法

价值工程是一门显著降低成本、提高效率、提升价值的资源节约型管理技术。价值工程从技术和经济相结合的角度，以独有的多学科团队工作方式，注重功能分析和评价，通过持续创新活动，不断优化方案，降低产品的全寿命期费用，从而提升各利益相关方的价值。

价值工程虽然起源于材料和代用品的研究，但这一原理很快就扩散到各个领域，有广泛的应用范围，可以为建设节约型社会以及企业持续创新提供新的思路和科学方法，可广泛应用在国民经济建设的很多方面，大体可应用在两大方面：

一是在工程建设和生产发展方面。大的可应用到对一项工程建设，或者一项成套技术项目的分析，小的可以应用于企业生产的每一件产品，每一部件或每一台设备，在原材料采购方面也可以应用此法进行分析。具体的做法有：工程价值分析、产品价值分析、技术价值分析、设备价值分析、原材料价值分析、工艺价值分析、零件价值分析和工序价值分析等。

二是在组织经营管理方面。价值工程不仅是一种提高工程和产品价值的技术方法，而且是一项指导决策、有效管理的科学方法，体现了现代经营的思想。在工程施工和产品生产中的经营管理也可以采用这种科学思想和科学技术。例如：对经营品种的价值分析、施工方案的价值分析、质量价值分析、产品价值分析、管理方法价值分析、作业组织价值分析等。

在实践过程中，当我们把价值工程的概念应用于人力资源的领域时，人自然而然也会成为价值研究的对象。我们可以将人的功能加以分析，然后与具体工作岗位的要求相对应，应用价值系数评价来确定人员价值和群体价值，然后确定实施方案或者对实际方案进行改进，从而达到提高组织人员绩效的目的。

20.6 价值工程的质量风险

企业运用价值工程去消除质量过剩时，必然存在着质量风险。所谓质量风险，就是降低产品质量、减少顾客收益，降低顾客质量效益的可能性。

首先，企业在选择价值工程对象时，往往不是从为顾客增加质量效益的立场上出发，而是从企业降低成本的角度出发的。企业为了降低成本，往往可能降低顾客的收益，从而降低顾客的质量效益。以麦尔斯采用防火纸代替石棉板为例，如果防火纸太薄，不防滑，如果企业又没采用其他措施来确保安全，很可能使生产工人滑倒，导致安全事故；也可能要经常更换，从而加大生产工人的工作量；等等。

其次，企业在进行功能分析时，往往只能采用经验分析法、ABC分析法、百分比分析法之类。虽然在功能分析前需要进行市场调研，需要收集资料，但却很难充分了解顾客的需求和期望，很难充分考虑顾客的利益。企业认为价值不高的产品（零部件）或质量特性，说不定正是顾客需求和期望的；反之，企业认为很有价值的产品（零部件）或质量特性，说不定并不能给顾客带去更多的收益。也就是说，企业认为的质量过剩，说不定并没有过剩。一旦消除了这样的“质量过剩”，就会降低产品的质量水平，从而损害顾客的利益。因此，是否质量过剩，不仅应当从顾客角度去考虑，而且应当广泛征求顾客意见，不能由少数几个设计人员主观地、随意地来判定。

再次，通过运用价值工程消除的一些质量过剩，顾客把新产品与老产品进行对比，或者与其他类似产品进行对比，发现某零部件或某质量特性低于了老产品或其他类似产品，就可能认为整个产品质量降低了。虽然这是不理性的，却可能引起顾客反感，从而拒绝这样的产品。虽然价值工程是在美国产生的，但运用得最好的却是日本企业，日本生产的汽车可谓典范。但事实上，至少在中国人心目中，日本汽车虽然最经济，但其质量却赶不上德国、美国。这样的认识当然是偏见，却也说明价值工程存在的质量风险。

最后，企业在消除质量过剩时，还有一个“度”或“量”的问题。消除过多，原来的质量过剩就可能变成质量不足。某厂生产的一种三轮摩托

车,原来的驾驶室车门的车窗使用的是有机玻璃。在运用价值工程的过程中,改为使用一般玻璃。结果在一次车祸中,玻璃破碎,划伤了司机的手臂。显然,如果说有机玻璃存在质量过剩的话,那么一般玻璃就已经是质量不足了。

总之,企业在运用价值工程时,必须充分考虑顾客利益,不能只看到降低企业的成本,更要看到是否可能降低顾客的质量效益。如果可能影响顾客的质量效益,那还是尽量慎重为好,否则就可能因小失大,得不偿失!

小结：延伸自己的大脑

方法就是工具，工具是我们手和脑的延伸。本篇提供的这五种方法都是思想方法，也就是人脑的延伸。企业领导要做的质量管理工作主要是把握方向、分配职能、掌控资源、创造环境、促进改进，更多的是从宏观上去把握。我们介绍的这些方法也着重于提供管理工作思想方法。

质量管理体系方法是系统论在企业质量管理领域的具体运用方法。企业领导要掌握这样的方法，首先就要有系统思维。系统思维把世界看做是一个相互联系的整体，具有辩证唯物主义的思维特点。有了这样的思维方法，不仅可以更加深刻地理解质量管理体系，而且可以将其推而广之，用"方针→目标→程序→执行→监督→记录→分析→评审"这样的模式去思考企业的其他管理，去建立其他方面的管理体系。

过程方法告诉我们，任何事情都可以看做是一个过程，要让过程有效，要防止走过场，就需要建立相应的程序，需要控制影响过程的包括人、机、料、法、环等方方面面的要素，并且还要对过程进行必要的测量。企业领导不仅可以用过程方法去看待企业的质量管理，也可以去看待企业的其他工作，要求企业的其他工作也同样有效。

PDCA 循环方法也是一种辩证唯物主义的方法，反映了矛盾的对立统一规律，维持是矛盾的平衡状态，改进是矛盾的运动状态。这样的方法也不是质量管理特有的方法，其运用的范畴也相当广泛。

对企业领导来说，并不需要去掌握具体的 TOC 方法，而是要培养自己抓关键、抓瓶颈、抓制约因素这样的思维方法。通过不断解决制约企业生产经营和发展的瓶颈问题，把企业提升到更高的境界。这样的思维方

法，当然不是仅仅只针对质量的，对其他任何工作都是有用的。

价值工程是为企业领导进行质量经济分析提供的一种思想方法。我们采取任何措施之前，如果都能先考虑其功能和成本之比，先计算其是否划算，有价值的就坚决去做，没有价值或价值不能满足我们要求的就暂时不做，企业的经济效益肯定就能大大提高了。

总之，本篇介绍的五种方法，对企业领导来说用处是很大的，好处也是很大的！希望企业领导能够借助这些方法，延伸自己的大脑。

参考文献

[1]约瑟夫·M·朱兰等(美). 朱兰质量手册[M]. 北京:人民大学出版社,2003.

[2]约瑟夫·M·朱兰等(美). 质量控制手册[M]. 上海:上海科技文献出版社,1981.

[3]李正权. 质量问题大剖析——对质量的社会学研究[M]. 成都:电子科技大学出版社,1992.

[4]李正权. 质量心理学概要[M]. 北京:经济科学出版社,2012.

[5]温德成,李正权. 面向战略的质量文化建设[M]. 北京:中国计量出版社,2006.

[6]斯图尔特(美). 价值工程方法基础[M]. 北京:机械工业出版社,2007.

[7]艾利·高德拉特,杰夫·科克斯(美). 目标[M]. 北京:电子工业出版社,2006.

[8]金升龙. 制约理论:突破企业经营瓶颈的有效方法[M]. 广州:广东省出版集团,2004.

[9]马仲器. 质量法制[M]. 北京:机械工业出版社,1991.

[10]田口玄一(日). 开发、设计阶段的质量工程学[M]. 北京:兵器工业出版社,1990.

[11]周朝琦,侯龙文,郝和国. 质量经营[M]. 北京:经济管理出版社,2000.

[12]银路,刘卫. 质量经济分析[M]. 成都:成都出版社,1992.

[13]孙磊．质量管理实战全书[M]．北京:人民邮电出版社,2011.

[14]李正权．论质量管理体系方法[J]．北京:标准科学．2010(10).

[15]李正权．论过程和过程网络[J]．北京:世界标准化与质量管理．2001(6).

[16]李正权．如何理解和运用过程方法模式[J]．天津:质量春秋．2003(6).

[17]李正权．论过程的增值及对过程的测量[J]．北京:标准科学．2009(11).

[18]刘殿襄,李本兴,等．质量管理技术咨询讲义[M]．北京:机械工业出版社,1985.

[19]张富山,李正权．方针目标——现实的蓝图[M]．北京:中国计划出版社,科荣出版社(香港)有限公司,2001.

[20]张富山,李正权．顾客满意——关注的焦点[M]．北京:中国计划出版社,科荣出版社(香港)有限公司,2001.

后　　记

在中国质量俱乐部主任孙磊先生的大力鼓动下，在中国质检出版社王成编辑的有力支持下，从 2013 年下半年开始，我接连写了《质量特战法》《我用质量打天下》《走进质量心理学 60 问》和《质量是个经济问题》四本书，将我近 30 年来从事质量管理工作和质量管理理论研究的一些心得体会留存下来，也算我对自己终生喜爱的质量管理事业奉献的一点心血和成果。完成最后一本书的初稿，正是月圆之时。"举头望明月，低头思人生。"于是想起退休之前时我写的一篇散文《减去十岁知天命》。且录于此，权作这套书的后记。

20 世纪 80 年代初，谌容那篇《减去十岁》的小说风靡一时。那当然是个黑色幽默，但不知为何，这几年我总觉得自己的人生也存在着这样的黑色幽默。

十年动乱刚结束时，我曾写过"三十而立立何处，学诗有时怜李贺"的句子，"而立"之时没能"立"。四十岁时我写《四十而惑》，"不惑之年"反而"惑"得厉害。五十岁前写《问何物能令公喜》，本应"知天命"了，反而还幻想着有什么意外之喜。如今一晃就是六十了，应当是"耳顺"了，却好像才刚刚"知天命"。你看，这不恰恰是与古人所说的相差十岁吗？看来，不管政府是否给我减去十岁，也不管他人如何看法如何说法，我自己只能给自己减去十岁了。如今快满六十了，减去十岁也有五十，即使明早死去，也不算早死夭折。这话好像不吉利，不过我从来不相信吉凶祸福是哪句话就能够讨来的。

六十岁才“知天命”，似乎晚了一点。但能够“知”，似乎也应当是一件乐事。“天命”是什么？我认为就是客观条件决定了的一个人的命运。虽然人还可以奋斗，还可以抗争，还可以加入主观因素去改变若干客观条件，但人的命运绝对冲不破客观条件决定的那个上限，最多只能到达上限的边缘。可能这有点悲观，但这却是历史唯物主义的基本观点，再乐观的人也无法改变。

本人出身在搬运工人家庭，父母连一加一等于二也没有教过我，全靠脑袋瓜子还不太差，读书时成绩也还可以。但是，一上学，就遇上反右，一个给我们讲白雪公主故事的女老师成了右派。紧接着又是大跃进，又是“困难时期”，我八岁就读住读，经常饿得浑身发软不说，放学无事竟然与同学赌看太阳，比谁看得久，把眼睛也看坏了。然后就读初中，然后就是“四清”，然后就是文革，作为“红五类”，当然要“冲在前”，经历了好多枪林弹雨却毫发无损，也是“天命”使然？然后当知青，然后当工人，虽然忘起命读书，忘起命工作，忘起命写作，东奔西突，却始终摆不脱“天命”的约束。虽然也出版过若干专著，虽然也发表过若干论文之类，但自己感觉还是一事无成。有时，比比某些专家学者教授之类，自诩自己的专著、论文并不比他们差一丝一毫，却要为诸如会务费之类的经费而不能参与学术研讨而难受，便感觉有些不平。如今要年满花甲了，才明白这乃“天命”使然，于是也就释然。

年轻时曾写过“唯物者，胆气横，敢与天命比输赢”的句子，那是不知“天命”而为之的，不足为训。我不知道我现在是否已经达到“天命”限定我的那个人生的上限没有。但愿还没有达到，我还可以在以后的岁月里继续抗争，力争在死亡之前能够达到那个上限，我也就可以“死而瞑目”了。

虽然离写此文又过了好几年，这几年里也出版了两三本专著，还出版了一本回忆录，但我依然不知道是否达到了那个上限。且不管他！用ISO9000国际标准的术语来说，人生也是“将输入转化为输出的相互关联或相互作用的一组活动”。也就是说,人生也是一个过程,过程就应当增值,人生才有意义。也就是说,一个人奉献给社会的资源应当大于他消耗的资源,二者之间的差越大,人生也就越有意义。所谓意义,也就是对社会,对人类有正面的价值,有正面的作用。我不敢肯定自己写的这些书是否有意义,是否能够得到读者认可,是否能够为社会提供一点正面的价值,起一点正面的作用。此心忐忑,所以为记。

李正权

2014 年 10 月